现代食品贮藏保鲜
技术及实践应用

畅晓洁　著

中国原子能出版社

图书在版编目（CIP）数据

现代食品贮藏保鲜技术及实践应用 / 畅晓洁著.
北京 ：中国原子能出版社，2024. 10. -- ISBN 978-7
-5221-3718-6

Ⅰ. TS205

中国国家版本馆 CIP 数据核字第 202420YW60 号

现代食品贮藏保鲜技术及实践应用

出版发行	中国原子能出版社（北京市海淀区阜成路 43 号　100048）	
责任编辑	陈　喆	
责任印制	赵　明	
印　　刷	北京天恒嘉业印刷有限公司	
经　　销	全国新华书店	
开　　本	787 mm×1092 mm　1/16	
印　　张	12.125	
字　　数	171 千字	
版　　次	2024 年 10 月第 1 版　2024 年 10 月第 1 次印刷	
书　　号	ISBN 978-7-5221-3718-6　　　　定　价　**72.00 元**	

发行电话：010-88828678　　　　　　　版权所有　侵权必究

　　在现代社会，随着食品生产与消费模式的快速转变，食品贮藏保鲜技术已成为连接食品生产者与消费者的桥梁。随着科技进步和全球食品贸易的日益频繁，如何有效地保持食品的新鲜度、延长其保质期，并确保食品安全，已成为食品工业面临的重要挑战。现代食品贮藏保鲜技术，作为食品科学领域的一个重要分支，不仅关乎食品的品质与口感，更直接影响到食品的营养价值与卫生安全。因此，深入研究现代食品贮藏保鲜技术及其实践应用，对于推动食品工业的可持续发展、保障食品安全与品质、提升消费者满意度等方面都具有重要意义。

　　基于此，本书以"现代食品贮藏保鲜技术及实践应用"为主题，聚焦于现代食品贮藏保鲜技术及其广泛的实践应用，全面剖析了当前食品保鲜领域中的关键技术与挑战。首先，通过分析食品腐败变质的机理、贮藏中的生理生化变化，以及食品贮藏保鲜的重要性，为读者构建了理论基础。其次，详细探讨了现代食品贮藏保鲜的常用技术原理，为深入理解食品保鲜技术提供了科学依据。另外，本书特别关注了现代食品贮藏保鲜的新兴技术，并从生鲜食品和加工食品两个角度出发，详细展示了各种贮藏保鲜技术的实际应用。

　　本书内容丰富、结构严谨，既适合作为食品科学、农产品加工等领域专业人士的参考书，也适合作为高校相关专业的教材。本书逻辑清晰、内容系统，确保读者能够全面、深入地了解现代食品贮藏保鲜技术及其应用。希望

本书的出版能为食品保鲜领域的研究与实践提供新的思路和方法，推动食品工业的持续发展。

本书写作过程中，得到了许多专家、学者的帮助和指导，在此表示诚挚的谢意。由于作者水平有限，加之时间仓促，内容难免有疏漏之处，希望各位读者多提宝贵意见，以便进一步修改和完善。

目 录

第一章　现代食品贮藏保鲜概论

随着现代食品工业的快速发展，食品的贮藏与保鲜技术成为保障食品安全、延长货架期的关键环节，对于促进食品流通、满足消费者需求具有重要意义。本章围绕现代食品贮藏保鲜的基本概念，深入剖析食品腐败变质的机理，探讨食品在贮藏过程中的生理生化变化，进而阐述食品贮藏保鲜的重要性，为读者提供全面的理论基础。

第一节　食品腐败变质的机理

食品腐败变质是指食品在储存、加工和运输过程中，由于各种内外因素的作用，导致食品的感官性质、营养成分和安全性发生不利变化的现象。这种变化包括外观、气味、味道和质地等方面的劣化，甚至可能产生有害物质，对消费者的健康构成威胁。食品腐败变质不仅影响食品的食用价值，还会引起经济损失和食品安全问题。深入了解食品腐败变质的机理，对于有效预防和控制食品腐败，确保食品质量和安全具有重要意义。

一、微生物作用导致的食品腐败变质

微生物是引起食品腐败变质的主要因素之一。食品在生产、加工、储存和运输的过程中，容易受到各种微生物的污染，如细菌、酵母菌和霉菌等。这些微生物在适宜的环境条件下，如适当的温度、水分和营养物质的供给下，会大量繁殖，并通过自身的代谢活动引起食品的腐败变质。

第一，细菌的作用。不同种类的细菌具有不同的生长条件和代谢特性。

例如，革兰氏阴性杆菌（如假单胞菌）能够在低温环境中生长，因此，其在冷藏肉类和海产品的腐败中占据主导地位。革兰氏阳性菌（如乳酸菌）则常见于发酵食品和奶制品的腐败中。细菌繁殖过程中分解食品中的蛋白质、脂肪和碳水化合物，产生胺类、硫化氢、挥发性脂肪酸等代谢产物，这些物质会导致食品产生异味、变色和质地变化。

第二，酵母菌的作用。酵母菌通常引起含糖量较高的食品如果汁、果酱、面包等的发酵变质。酵母菌在代谢过程中能够将糖类转化为乙醇和二氧化碳，使食品出现膨胀、产生气泡和酸味等现象。这类变质通常会改变食品的质地和风味，但一般不会对人体健康造成严重威胁。

第三，霉菌的作用。霉菌广泛存在于空气、土壤和水中，能够在较低的水分活度和较高的酸碱度范围内生长，因此，在干果、坚果、谷物等食品中更为常见。霉菌不仅使食品表面出现霉斑、变色和异味，还会产生对人体有害的次生代谢产物，如黄曲霉毒素、赭曲霉毒素等。这些毒素具有强烈的致癌性、致突变性和免疫毒性，对人体健康构成严重威胁。

二、酶促反应引起的食品腐败变质

酶是存在于食品原料和微生物中的生物催化剂，能够加速各种生物化学反应。食品中的酶促反应不仅会导致食品的风味和质地发生变化，还可能引发食品的腐败变质。这类反应通常在食品的采摘、加工和储存过程中发生，主要包括蛋白酶、脂肪酶和淀粉酶的作用。

第一，蛋白酶的作用。蛋白酶是催化蛋白质水解的酶类，在肉类、海产品和乳制品中广泛存在。蛋白酶能够将食品中的蛋白质分解为多肽、氨基酸等小分子物质，这些小分子物质在进一步的微生物作用下，会生成胺类、酮类和硫化物等具有强烈臭味的化合物，导致食品产生腐败异味。蛋白酶引起的食品腐败常见于肉类储存和加工不当的情况下，特别是在温度较高时，蛋白酶的活性增强，腐败变质速度加快。

第二，脂肪酶的作用。脂肪酶能够催化脂肪水解生成甘油和脂肪酸。自由脂肪酸进一步氧化会生成醛类、酮类等具有刺激性气味的小分子物质，导致食品出现酸败现象，如奶制品中常见的哈喇味。脂肪酶引起的脂肪酸败不仅影响食品的风味，还可能降低食品的营养价值。脂肪酶的活性在高温和高水分条件下较高，因此，含脂肪较多的食品在储存时需要避免高温和潮湿环境。

第三，淀粉酶的作用。淀粉酶能够将淀粉分解为糊精和麦芽糖等小分子糖类。这类反应常见于谷物和块茎类蔬菜的储存过程中，导致食品质地变软、风味变化。淀粉酶的活性在低温条件下较低，因此，淀粉含量高的食品在储存过程中需要控制温度，以降低酶促反应的速度、延缓腐败变质的发生。

三、化学变化导致的食品腐败变质

食品中的化学成分在储存和加工过程中会发生一系列化学反应，这些反应可能导致食品的品质下降。氧化反应是导致食品腐败变质的主要化学变化之一，脂肪氧化、维生素降解和非酶褐变反应是常见的化学变化类型。

第一，脂肪氧化。脂肪氧化是指食品中的不饱和脂肪酸与氧气发生反应，生成过氧化物。过氧化物不稳定，容易分解产生醛类、酮类等具有刺激性气味的小分子物质，导致食品出现酸败现象，风味劣化。脂肪氧化不仅影响食品的感官质量，还会导致营养成分的流失，如维生素 E 的降解。因此，含脂肪较高的食品在储存时需要避免光照和氧气的接触，常采用充氮包装、真空包装等方法延缓脂肪氧化。

第二，维生素降解。食品中的维生素，特别是维生素 C 和维生素 A，在光照、氧气和高温条件下容易发生氧化降解。这类反应常见于水果、蔬菜和果汁中，会导致食品中维生素含量的下降，影响营养价值。维生素 C 降解过程中会生成二氧化碳、草酸等副产物，使食品出现酸味和质地变化。为了防止维生素降解，可以采取避光、密封、低温储存等措施。

3

第三，非酶褐变反应。非酶褐变反应是指食品中的还原糖与氨基酸在加热条件下发生的美拉德反应。这种反应会导致食品颜色加深，产生特殊的风味物质，但也可能导致营养成分的损失。美拉德反应常见于烘焙食品、咖啡和烤肉等食品的加工过程中。在储存条件下，高温高湿环境也可能促进褐变反应的发生。为了减少非酶褐变反应对食品品质的影响，应控制食品的储存温度和湿度。

四、物理因素对食品腐败变质的影响

食品的腐败变质不仅受微生物、酶和化学反应的影响，还与环境的物理因素密切相关。温度、水分活度、光照和氧气等因素对食品的稳定性具有重要影响。

第一，温度的影响。大多数微生物在温暖潮湿的环境中生长繁殖迅速，而酶促反应和化学变化的速度也随温度升高而加快。因此，低温储存是延长食品保质期的重要手段，如冷藏和冷冻可以有效抑制微生物生长和酶促反应的发生。但过低的温度也可能引起某些食品的质地变化，如冷冻肉类会因冰晶形成而失去原有的嫩滑口感。

第二，水分活度的影响。水分活度是指食品中水分的可利用程度，它直接影响微生物的生长和化学反应的发生。水分活度高的食品，如新鲜水果、蔬菜和肉类，容易被微生物污染而腐败变质。因此，通过干燥、脱水、盐渍和糖渍等方法降低食品的水分活度，可以有效延长其保质期。对于低水分活度食品，如谷物和干果，应防止其在储存过程中吸湿回潮。

第三，光照的影响。光照会加速某些食品的氧化反应，如脂肪氧化和维生素降解。因此，对于光敏感的食品，如油脂类食品、果汁和奶制品，应避免阳光直射，通常采用不透光包装材料进行包装储存。

第四，氧气的影响。氧气是许多氧化反应的主要参与者，会加速食品的变质过程。因此，含有不饱和脂肪酸的食品，如坚果和植物油，应采用充氮包装或真空包装，以隔绝氧气，延长保质期。

第二节 食品贮藏中的生理生化变化

一、食品贮藏中的呼吸作用

果蔬采收后虽然停止了同化作用，但其依然是具有生命活力的活体，继续进行新陈代谢活动，其中最为重要的是呼吸作用。呼吸作用本质上是生物体内有机物的氧化过程，在复杂酶系统的参与下，有机物被分解成简单的物质，同时释放出能量。这一过程通过氧化还原反应进行，维持果蔬的生命活动，但也对贮藏状态产生深刻影响。

根据是否有氧气参与，呼吸作用可以分为有氧呼吸和无氧呼吸两类。通常情况下，有氧呼吸占主导地位，它是指细胞在氧气参与下，将复杂有机物质彻底氧化分解为水和二氧化碳，并释放出大量能量。这一过程中，碳水化合物、蛋白质、脂肪等可以作为呼吸底物，碳水化合物如葡萄糖、果糖、蔗糖等通常是主要的呼吸底物。

在食品贮藏保鲜中，有氧呼吸虽然消耗能量和底物，但其对果蔬的影响相对温和。然而，无氧呼吸却会对贮藏过程产生负面影响。无氧呼吸在缺氧环境中进行，提供的能量少，消耗的呼吸底物却更多，从而加速果蔬的衰老。此外，无氧呼吸生成的乙醛、乙醇等物质会在果蔬中积累，产生毒性，损害细胞健康，导致果蔬风味劣变，并可能引发生理性病害。

二、食品贮藏中的蒸腾作用

食品贮藏中的蒸腾作用是果蔬在失去母体和土壤水分供应后，仍通过表面将体内水分以气态形式散发到外界的过程。新鲜果蔬的水分含量通常较高，在85%~95%之间，这使得果蔬的细胞呈现饱满和坚挺状态，保持新鲜的外观和优良品质。然而，在采收后，果蔬失去了水分和营养的补充，蒸腾作用持续进行，导致贮藏过程中果蔬水分逐渐减少、细胞膨压降低，最终使

得组织萎蔫、软化、皱缩，失去光泽，呈现出不新鲜的状态。

蒸腾作用不仅影响果蔬的外观和口感，还会引发营养成分的流失和代谢失调。这一过程的本质是由于果蔬无法在贮藏过程中获得足够的水分供给，导致其细胞失去正常膨压，从而影响到整体质量。因此，如何有效减缓蒸腾作用成为果蔬贮藏保鲜中的关键环节。

为了减少蒸腾作用的负面影响，贮藏中通常采取一系列措施来维持果蔬的水分平衡。首先，适当控制贮藏环境的温度和湿度可以有效减缓蒸腾作用的发生。低温环境有助于降低果蔬的代谢速率，减少水分流失，而适宜的湿度可以减少水分蒸发。其次，使用保鲜膜等材料封装果蔬，可以有效减少水分的散失，并保持内部环境的稳定。选择适当的贮藏容器，如低透气性包装材料，能够进一步限制水分流失，从而延长保鲜时间。

三、食品贮藏中的后熟作用

后熟作用是果实、瓜类及一些蔬菜在脱离母株后继续进行的生物学过程。这一过程中，果实通过酶的催化作用发生一系列生理生化变化，包括淀粉转化为单糖，提升甜度；叶绿素分解，露出类胡萝卜素和花青素，使果实呈现鲜艳的颜色；鞣质聚合，减少涩味；有机酸减少，同时产生挥发性物质，使果实更加芳香。此外，原果胶质的水解导致果实硬脆度下降，变得更加适口。

后熟过程能够显著改善果实的色、香、味及质地，使其达到食用成熟度，成为消费者偏好的食品。后熟也是果实走向生理衰老的标志，一旦完成后熟，果实便会迅速进入腐坏变质阶段。因此，适时采摘并控制贮藏条件对于延长果实的保鲜期至关重要。通常，贮藏果实应在完全成熟之前采收，通过控制贮藏环境的温度、湿度等条件，延缓后熟过程，从而延长储存时间，确保果实在适当的食用期内保持较高的品质。

后熟过程的影响因素主要包括温度、氧气浓度及某些气体，如乙烯和乙醇等。这些因素会加速果实的后熟及衰老过程。因此，科学的贮藏技术要求控制适宜的低温，并保持适度的通风环境，以抑制后熟，延长果实的贮藏期。

通过调节这些条件，可以有效地控制后熟作用的进程，确保果实在更长时间内保持优良品质。

四、食品贮藏中的休眠作用

休眠和采后生长是某些果蔬在采摘后表现出的独特生理现象，尤其体现在鳞茎和块茎类蔬菜以及部分干果的贮藏过程中。休眠是指这些果蔬在结束田间生长后，体内积累的营养物质开始减少活跃的生物活动，进入相对静止状态，以增强对外界不良环境的抵抗能力。根据引起休眠的原因，休眠可以分为生理休眠和被迫休眠两种类型，它们对果蔬的贮藏和保鲜起到了关键作用。

生理休眠，亦称为自发性休眠或真休眠，是由内在因素引发的，即使外界条件适宜，果蔬也无法发芽。这种休眠通常发生在洋葱、马铃薯、大蒜、姜和板栗等块茎和鳞茎类蔬菜中。这类产品在其生长发育完成后，逐渐进入一种深度休眠状态，无法通过外界的调整来改变其生理活动。而被迫休眠，或称为强制休眠，则是由于外界环境的不适造成的果蔬暂时停止生长现象。这种休眠主要表现为低温干旱等环境条件的限制，导致如萝卜、白菜、甘蓝等蔬菜在采收后由于外界不适环境而进入一种被迫停止发芽的状态。无论是哪种类型的休眠，它们都有助于延缓果蔬的生长过程，保持产品质量，并延长贮藏期。

休眠的生理生化特点较为复杂，可将其分为三个阶段：休眠前期、生理休眠期和强迫休眠期。

第一，休眠前期（准备期）。这一阶段主要指果蔬从采收后直到表面创口愈合的时期。对于块茎类蔬菜来说，例如马铃薯，其表面伤口愈合通常需要2～5周；而对于鳞茎类蔬菜，例如洋葱，表皮角质化鳞片的形成通常需要1～4周。这一阶段的显著特点是生长与休眠的过渡，新陈代谢活动仍较为旺盛，小分子物质逐渐向大分子物质转化，伤口逐渐愈合，角质层加厚，使得水分的蒸腾减少，从而为进入休眠状态做好生理准备。

第二，生理休眠期（真休眠、深休眠）。这是果蔬从表面伤口愈合或鳞片形成后，直到具备发芽能力的阶段。在这一阶段，果蔬的新陈代谢活跃度降至最低，生命活动几乎完全停止，外部保护组织已经完全形成，水分蒸发量极少。这一时期，果蔬即便在外界条件适宜的情况下，也难以发芽，因而这也是果蔬贮藏的安全期。

第三，强迫休眠期（休眠苏醒期）。此阶段是果蔬在度过生理休眠期后，具备发芽能力但由于外界环境温度较低，导致发芽被抑制的阶段。在这个阶段，果蔬内部的大分子物质开始向小分子物质转化，体内的营养物质储备增加，为萌芽提供物质基础。如果外界温度适宜，休眠将被打破，萌芽立即开始。通过低温或调节气体成分，可以显著延长这一阶段，从而进一步延长果蔬的贮藏期。

休眠的生理现象在植物的进化过程中，是其适应恶劣环境的一种生存策略。休眠有助于植物度过寒冷、干旱等逆境条件，确保其生命力和繁殖能力得以保存。在粮食和油料作物的贮藏过程中，休眠也起到了重要的作用。这些作物通常由于含水量较低而处于强制休眠状态，因而可以安全贮藏。然而，由于它们潜在的发芽能力依然存在，一旦遇到适宜的水分、温度和空气条件，就会迅速萌发。发芽后的粮食其呼吸作用显著增加，营养物质迅速消耗，导致其食用品质和加工性能大幅下降，这对粮食的长期贮藏极为不利。

相比之下，蔬菜和板栗在结束生理休眠期或解除低温被迫休眠后，因其本身水分含量较高，即使没有外界水分补充，也会迅速发芽生长。发芽过程中，果蔬体内的储存物质被大量消耗，导致其食用品质下降。因此，尽管休眠现象在果蔬的贮藏过程中具有一定的生理优势，但过早的苏醒和发芽会对果蔬的品质和营养价值产生不利影响。

五、食品在贮藏中的僵直与软化

食品在贮藏保鲜过程中，僵直与软化是两个关键的生理现象，特别在畜禽鱼肉的处理与储存方面具有重要意义。僵直是指畜禽鱼类失去生命活动后，

肌肉失去原有的柔软性和弹性，呈现僵硬状态。这一现象的出现与肌肉中肌糖原酵解生成乳酸，以及三磷酸腺苷和磷酸肌酸的分解密切相关。这些分解物质的积累增加了肌肉中的酸性成分，降低了 pH，从而使原本松弛的肌肉因肌纤蛋白与肌球蛋白结合，形成无弹性的肌凝蛋白，导致肌肉进入僵直状态。

僵直的发生时间及其对肉质的影响因动物种类、致死方式和温度等因素的不同而有所差异。一般来说，鱼类的僵直发生时间早于畜禽类，带血致死的僵直早于放血致死的，且高温环境下的僵直早于低温环境。鱼类从死亡到僵直大约需要 1～4 小时、禽类为 6～12 小时、牛肉为 12～24 小时、猪肉则约为 36 小时。处于僵直期的鱼肉被认为具有较高的食用价值，因为其新鲜度最高。然而，畜禽肉在僵直期内弹性较差、质地坚硬、不易煮烂、风味较差，且消化率低，因此不适合食用。

尽管如此，从食品贮藏角度来看，僵直期的肌肉因 pH 较低，能有效抑制腐败微生物的生长。此外，此时的肌肉组织仍保持其营养成分，且组织结构致密，适合进行冷藏保存。

软化，或称解僵，是指肌肉在僵直达到最大程度并维持一段时间后，逐渐恢复柔软状态，风味和食用价值增强。软化的过程是由于肌肉中自溶酶的作用，导致蛋白质分解，这一现象也称为蛋白质自溶。软化速度受温度影响较大，高温加速软化，低温则减缓这一过程。当温度降至 0 ℃时，软化过程可停止，因此，冷冻贮藏是防止肉类软化的有效手段。

第三节　食品贮藏保鲜的重要性

在人类社会的发展历程中，食品作为维持生命活动的基本物质，其安全、营养与充足供应始终是社会稳定与进步的重要基石。随着农业生产技术的进步和全球化贸易的加深，食品的种类与来源日益丰富，但如何有效保存这些食品，确保其在从生产到消费的各个环节中保持原有品质，减少损失，成为

了一个亟待解决的重要课题。食品贮藏保鲜技术，作为连接生产与消费的关键环节，其重要性不言而喻。具体包括以下几个方面。

一、保障食品安全，预防疾病传播

食品安全是食品贮藏保鲜过程中的核心目标。食品在采摘、加工到最终被消费者食用的各个环节中，都有可能受到微生物、昆虫、酶及物理化学因素的影响，如温度、湿度、光照等条件的变化，极易导致食品发生腐败变质。这些因素不仅会使食品的口感和风味劣化，更重要的是可能生成有害物质，如细菌毒素和霉菌毒素等，这对人体健康构成严重威胁，甚至可能引发大规模的食物中毒事件。

为了有效防止食品在储存过程中的变质，科学的贮藏保鲜技术显得尤为重要。通过采用低温冷藏、气调包装、辐照处理等手段，可以有效抑制微生物的活性，减缓酶促反应，延迟食品的腐败过程。低温冷藏通过降低微生物和酶的活性，从根本上延长了食品的保质期；气调包装则通过改变包装内的气体组成，抑制氧气对食品的氧化作用，进一步保持食品的新鲜度；辐照处理则可以直接杀死或抑制微生物的繁殖，有效减少食源性疾病的传播风险。

二、保持食品营养价值，促进健康饮食

食品作为人体能量与营养素的主要来源，在维持生命和促进健康方面具有不可替代的作用。食品中含有多种营养成分，包括蛋白质、维生素和矿物质等，它们对于人体的正常功能至关重要。然而，不当的贮藏方式往往会引起这些营养成分的流失或破坏。例如，维生素 C 在高温或光照条件下容易分解，叶酸在储存过程中也较易损失。这些损失不仅降低了食品的营养价值，也削弱了其对健康的积极作用。

为有效保持食品的营养价值，现代食品贮藏保鲜技术提供了多种有效手段，如真空包装和冷冻干燥等。真空包装通过减少食品与空气的接触，降低氧化反应的发生率，从而保护了易氧化的营养成分。冷冻干燥则通过在低温

下快速去除食品中的水分，最大限度地保持了食品的营养成分和风味。这些技术能够在延长食品保质期的同时，最大程度地保持其原有的营养价值。

三、减少经济损失，提升产业效益

食品腐败所带来的经济损失是全球性的挑战，影响深远。直接损失主要表现为因食品腐败不得不废弃的产品，而间接损失则包括食品品质下降所导致的价格下跌、市场竞争力减弱，以及消费者信任度的降低。这些损失不仅对生产者和供应链产生负面影响，还对整体经济产生深远影响。

通过应用有效的贮藏保鲜技术，可以大幅度延长食品的保质期，减少产品损耗，提高其在市场中的货架期和竞争力。这不仅能够减少直接经济损失，还能提升产品的市场表现，从而增加生产者的收益，尤其是农民的收入。这种技术的广泛应用有助于提升食品产业链的整体效益，使各环节均能够从中获益。对于发展中国家而言，提升食品贮藏保鲜能力尤为重要。这不仅能够有效减少粮食和其他食品的浪费，还能缓解粮食安全压力，促进农村经济的发展。

四、促进市场流通，扩大销售范围

随着全球化进程的不断加速，食品贸易已从本地市场扩展至全球范围。这一趋势为食品生产者和消费者带来了新的机遇，但同时也对食品的贮藏保鲜技术提出了更高的要求。食品在远距离运输过程中，必须确保其新鲜度和品质不受影响，否则将影响销售和市场竞争力。因此，先进的贮藏保鲜技术在保障食品流通和扩大销售范围中起着至关重要的作用。

冷链物流和气调运输技术是现代食品贮藏保鲜的核心手段。冷链物流通过在整个运输过程中保持低温环境，有效抑制微生物的繁殖和酶促反应，从而延长食品的保质期，确保食品在到达终端市场时仍然保持其原有的品质。气调运输则通过调节包装或运输环境中的气体成分，降低氧气浓度、增加二氧化碳浓度，以抑制氧化作用和微生物生长。这些技术能够有效地应对长距

离运输带来的挑战，确保食品品质不因运输时间和距离而受到影响。

通过这些先进的贮藏保鲜技术，食品的销售半径得以显著扩大，跨区域甚至跨国贸易成为可能。这不仅为食品生产者提供了更多的市场机会，增加了他们的销售渠道和利润空间，也为全球消费者带来了更多样化的食品选择。例如，消费者能够在不同季节或地域购买到本地不易生产的食品，满足其多样化的饮食需求。这种全球化的食品贸易极大地促进了市场流通，推动了食品行业的持续繁荣。

此外，食品贸易的全球化还进一步提升了食品产业的整体竞争力。随着市场的扩大，食品生产者面临的竞争压力增加，促使他们更加注重产品质量与保鲜技术的改进。这种竞争机制推动了食品生产和贮藏保鲜技术的不断进步，提升了食品行业的整体效率和经济效益。尤其是在新兴市场和发展中国家，贮藏保鲜技术的引入和推广不仅为当地食品生产者提供了进入国际市场的机会，还为全球食品供应链的稳定性和可持续性提供了有力支持。

五、满足消费者多样化需求，提升生活品质

随着社会经济的发展和生活水平的提高，消费者对食品的需求逐渐从满足温饱转向追求品质、口感、新鲜度和安全性等方面的多样化要求。这一变化促使食品贮藏保鲜技术的不断进步，成为现代食品供应链中的关键环节。在这一背景下，先进的贮藏保鲜技术不仅能够满足消费者对食品多样性的需求，还能够显著提升生活品质。

贮藏保鲜技术的应用，使得原本受季节和地域限制的食品能够全年供应。通过控制温度、湿度和气体成分，食品在不同季节和地域都能保持其新鲜度。例如，利用冷藏技术，消费者在寒冷的冬季也能享受到盛夏时节的新鲜水果，而通过速冻技术，海鲜等食品能够迅速锁住其新鲜度，即使经过长距离运输仍能保持其原有的风味。这样的技术不仅增加了食品的供应种类，还延长了食品的货架期，丰富了消费者的日常饮食选择。

在满足消费者多样化需求的同时，贮藏保鲜技术还能够精准控制食品的

贮藏条件，确保其在最佳的食用状态下供应到消费者手中。通过冷冻、冷藏、气调等保鲜手段，食品的色泽、质地、风味等方面都得到了最大程度的保持和优化。特别是在食品风味的保存方面，先进的贮藏保鲜技术能够防止营养成分和风味物质的流失，提升了消费者的用餐体验。这一方面使得消费者在享用食品时，能够获得与采摘或捕捞时相近的品质；另一方面也有效降低了食品变质带来的食物浪费问题，进一步提升了食品的利用率和经济效益。

通过先进的贮藏保鲜技术，食品的腐败过程能够被有效延缓，从而减少细菌和其他有害微生物的滋生风险。例如，气调包装和辐照处理技术可以抑制微生物的繁殖，保障食品的卫生安全。食品安全的提升不仅为消费者提供了更为健康的饮食选择，还增强了消费者对食品质量的信任感，这对提升生活品质具有重要意义。

六、促进农业可持续发展，保护环境资源

农业作为食品生产的基础，其可持续发展不仅关系到食品供应链的稳定性，还直接影响到环境资源的保护。通过减少食品在贮藏和运输过程中的损失，可以有效提升农业生产的效率，减少浪费。这意味着农业生产中对土地、水资源等自然资源的依赖将得以减少，从而避免资源的过度消耗。尤其是在全球面临粮食安全和资源短缺问题的背景下，高效的贮藏保鲜技术为农业生产提供了新的解决方案，有助于实现农业与环境的协调发展。同时，现代贮藏保鲜技术的应用可以大幅度延长食品的保质期，从而减少因食品过期而产生的废弃物。这不仅有助于减少食品浪费，还减轻了环境的负担。食品浪费一直是全球面临的重大挑战之一，不仅涉及资源的浪费，还加剧了垃圾处理的环境压力。通过提高食品的贮藏保鲜能力，能够从源头上减少食品浪费，从而有助于实现更为环保的生产和消费模式。

此外，一些环保型的保鲜技术正在逐渐得到推广，如生物保鲜剂的使用和可降解包装材料的应用。这些新技术不仅能够保证食品的保鲜效果，还减少了传统化学保鲜剂和塑料包装材料对环境的污染。例如，生物保鲜剂能够

通过抑制微生物的生长而延长食品的保质期，同时其来源于天然成分，对环境更加友好。而可降解包装材料则通过在自然环境中分解，减少了白色污染问题的产生。环保型贮藏保鲜技术的应用，不仅推动了食品贮藏技术的创新，也为环境保护和可持续发展提供了新的契机。

因此，贮藏保鲜技术的发展不仅满足了消费者对食品品质和多样性的需求，提升了生活品质，还为农业可持续发展和环境保护提供了强有力的技术支持。通过先进的贮藏保鲜技术，食品供应链得以优化，消费者可以享受到更加丰富、安全和优质的食品，农业生产效率得到提升，环境资源得以有效保护。这一综合性的发展趋势体现了食品贮藏保鲜技术在现代社会中的重要地位，并为未来的食品供应与生态可持续发展指明了方向。

七、推动科技创新，促进产业升级

在现代食品产业中，随着生物技术、信息技术、材料科学等领域的快速发展，新型保鲜技术不断涌现。这些技术的革新不仅为食品贮藏保鲜提供了新的可能性，更在根本上促进了食品产业的转型升级。

第一，纳米技术的应用在食品保鲜领域展现了巨大的潜力。纳米材料由于其独特的物理和化学特性，能够有效延长食品的保质期。纳米包装材料能够阻隔氧气、水分和光线，从而减缓食品的氧化和水分蒸发。这一技术的实施，显著提高了食品的贮藏效果，使得食品在长时间内保持新鲜。同时，纳米技术还可应用于食品的质量监测与安全检测，提供实时数据支持，从而进一步保障食品安全。

第二，智能温控系统的引入，使得食品贮藏的管理更加高效和精准。通过先进的信息技术，这些系统能够实时监测食品贮藏环境的温度和湿度，并自动调整至最佳状态。这种动态调控机制，不仅提高了食品的贮藏效率，还大幅度降低了因环境因素导致的食品损失。此外，智能温控系统还可以与其他管理系统进行联动，实现对整个供应链的全面监控和优化，从而提升整个食品产业的运营效率。

第三，高压处理技术也是近年来兴起的重要保鲜方法之一。该技术通过对食品施加高于常规的大气压力，可以有效杀灭食品中的微生物，而不影响其营养成分和风味。高压处理技术的广泛应用，不仅延长了食品的货架期，还满足了消费者对健康、天然食品的需求。这一技术的推广，促进了食品加工和贮藏环节的现代化，为产业的可持续发展提供了有力支持。

第四，随着消费者对食品质量和安全的要求日益提高，食品产业的升级也迫在眉睫。科技创新驱动下的保鲜技术，使得食品工业从传统的、粗放的生产方式向更加高效、环保和智能化的方向发展。新的保鲜技术不仅能有效提升食品的品质和安全性，还能通过减少资源浪费和降低能耗，实现产业的可持续发展。

推动食品贮藏保鲜技术的科技创新，不仅关乎食品产业自身的升级，更与整体经济的发展密切相关。在全球化的市场环境中，食品产业面临着激烈的竞争，而科技创新成为提升产业竞争力的重要途径。通过不断引入和研发新技术，食品企业能够在保证产品质量的同时，降低生产成本，提高市场响应速度，从而在激烈的市场竞争中占据有利位置。

八、应对突发事件，保障食品供应安全

在当今全球化背景下，自然灾害、疫情及其他突发事件对食品供应链的影响愈发显著。食品供应安全不仅关乎消费者的日常生活，更影响到社会的稳定与经济的可持续发展。在此背景下，有效的食品贮藏保鲜技术显得尤为重要，它能够在突发事件发生时，确保食品的长期储存和稳定供应，减少因供应链中断导致的食品短缺问题。

第一，食品贮藏保鲜技术通过延长食品的保质期，确保了食品在储存过程中的新鲜度和安全性。在突发事件发生时，尤其是在疫情或自然灾害期间，食品的快速供应和质量保障显得格外重要。冷链物流系统作为食品贮藏保鲜技术的重要组成部分，能够通过严格的温度控制，确保生鲜食品在运输和储存过程中不受到影响。这一技术的有效实施，不仅延长了食品的货架期，还

降低了食品腐败的风险，为消费者提供了充足的安全食品，减少了因短缺而引发的恐慌和混乱。

第二，面对突发事件的挑战，建立健全的食品贮藏保鲜体系显得尤为迫切。通过完善的贮藏保鲜体系，可以有效提高食品产业链的韧性与适应性。当面临突发事件时，这种系统能够迅速响应，并采取必要的措施来保障食品供应的稳定。例如，许多国家和地区通过优化冷链物流，迅速调整供应链结构，以应对市场需求的变化，从而维持了市场价格的相对稳定。这一过程不仅需要高效的物流管理，还依赖于先进的贮藏技术和设施，以确保食品在运输和存储过程中不受到损害。

第三，食品贮藏保鲜体系的建设还包括对人力资源和技术设备的合理配置。通过培养专业的管理和操作人员，提高食品贮藏与保鲜技术的应用水平，可以有效提升整个食品供应链的反应能力。同时，投资于现代化的贮藏与运输设施，如自动化仓库和智能化配送系统，能够提高物流效率，确保在突发事件发生时，食品供应链能够迅速恢复。

第四，保障食品供应安全不仅是技术层面的任务，更需要政府、企业和社会各界的共同努力。政策的支持与引导、企业的创新与投资，以及公众的科学素养与消费观念，都在保障食品供应安全的过程中起着至关重要的作用。在突发事件发生后，政府应及时评估食品安全形势，采取相应的应急措施，并通过宣传与教育，提高公众食品安全意识。

第二章　现代食品贮藏保鲜
常用技术研究

随着生活水平的提高和消费需求的多样化，食品贮藏保鲜技术成为保障食品安全、延长食品货架期、减少损耗的关键。本章聚焦于现代食品贮藏保鲜的常用技术，旨在深入探讨其原理与应用，主要包括食品气调贮藏保鲜技术、食品低温贮藏保鲜技术与食品生物贮藏保鲜技术。

第一节　食品气调贮藏保鲜技术

新鲜果蔬离开母体后仍不断进行着生命活动，这一过程的核心——呼吸作用，不仅是它们内在物质转换的显著标志，也是推动果蔬逐渐失去原有新鲜状态的关键因素。呼吸作用的强度深受食品储存环境诸多参数的制约，包括氧气与二氧化碳的浓度、环境湿度、温度等。气调保鲜技术即通过环境温度、湿度、氧气、二氧化碳和乙烯等气体的控制调节，抑制果蔬的呼吸作用，减缓新陈代谢，减少水分丧失，从而最大限度地保持果蔬产品的新鲜度和商品性，延长贮藏期和销售的货架期[1]。这一策略对于延长果蔬的保鲜期，保持其最佳食用状态具有至关重要的作用。

---

① 张秀娟，王宗湖. 食品保鲜与贮运管理［M］. 北京：对外经济贸易大学出版社，2013：57.

一、食品气调贮藏保鲜的原理、影响与作用

（一）气调贮藏保鲜的原理

气调贮藏的原理是通过调控储存环境中的气体成分（主要是增加二氧化碳浓度并降低氧气浓度）来实现新鲜果蔬的长期保存。这项技术是在一个相对封闭的系统内，通过调整气体的组成，使其不同于正常大气的成分，借此抑制食品中的生理生化反应和微生物活动，从而延缓食品的变质过程。

在自然空气中，氧气的浓度约为 21%、二氧化碳的浓度约为 0.03%，其余为氮气等其他气体。新鲜采摘的果蔬仍然保持着新陈代谢，呼吸作用消耗氧气并释放与之接近量的二氧化碳和热量。通过适当减少氧气的含量或增加二氧化碳的比例，可以改变这种呼吸环境，进而减弱果蔬的呼吸强度，延缓呼吸高峰的到来，降低新陈代谢速度，减少营养物质和其他成分的消耗。这种调控能够有效延缓果蔬的成熟与老化，从而为保持果蔬的新鲜状态奠定了生理基础。

较低的氧气浓度和较高的二氧化碳浓度有助于抑制乙烯的合成，从而减少乙烯在果蔬成熟过程中的生理作用，这对于延长果蔬的贮藏寿命尤为重要。进一步地，这种气体环境还能抑制某些生理性和病理性病害的发生，减少在贮藏期间可能出现的腐烂问题。因此，气调贮藏技术不仅能有效保持果蔬的色泽、香气、口感和质地，还能延长其贮藏和货架期，保持其营养价值。

低氧气或高二氧化碳浓度的理想贮藏效果必须与适宜的低温环境相结合，才能最大程度发挥作用。氧气、二氧化碳的浓度、温度等因素之间存在显著的相互影响，它们共同作用形成适合不同种类果蔬长期贮藏的气体组合条件。因此，对于每种果蔬产品，可能存在多个可行的最佳气体组合。

（二）气调贮藏保鲜的影响

1. 气调贮藏对鲜活食品生理活动的影响

（1）抑制鲜活食品的呼吸作用。气调贮藏技术通过调节贮藏环境中气体

成分，抑制鲜活食品的呼吸作用，从而延长其贮藏期并保持品质。呼吸作用是鲜活食品——如果蔬——维持生命活动的基础，但这一过程中，呼吸底物的持续消耗导致食品的营养成分减少、品质下降，进而加速其衰老与变质。因此，降低呼吸强度对延长果蔬的保鲜期至关重要。气调贮藏通过减少贮藏环境中的氧气浓度和增加二氧化碳浓度，可以有效抑制果蔬的呼吸强度，并推迟呼吸高峰的出现。在氧气浓度降至 7% 以下时，呼吸作用得到明显抑制，但氧气浓度不可低于 2%，以防止食品发生无氧呼吸引起的生理病害。此外，二氧化碳浓度越高，呼吸抑制效果越显著。

气调贮藏的气体配比需精确控制。过低的氧气浓度或过高的二氧化碳浓度都会引发食品的生理问题，如无氧呼吸导致乙醇积累或二氧化碳过高导致琥珀酸生成，进而引发果实褐变和内部黑化等病害。总的来说，适当的气体调控能够在不影响食品生命活动与抗病能力的前提下，有效减少营养消耗，显著延长鲜活食品的保鲜期并提升其耐贮性。

（2）抑制鲜活食品的新陈代谢。鲜活食品在呼吸代谢过程中，所消耗的呼吸底物主要包括糖类、有机酸、蛋白质和脂肪等营养成分，这些物质经过一系列氧化还原反应被逐步分解，并释放出大量的呼吸热。在有氧呼吸的条件下，呼吸底物被完全氧化生成二氧化碳和水；而在无氧呼吸的环境中，则会生成二氧化碳、乙醇、乙醛和乳酸等低分子物质。通过调节气体组成，采用低氧和高二氧化碳的组合，可以抑制酶的活性，延缓部分有机物质的分解过程。例如，低氧浓度能够有效延缓叶绿素的分解，减少抗坏血酸的流失，降低不溶性果胶的分解速率，从而提升食品的脆度和硬度。与此同时，高二氧化碳浓度可以减少蛋白质和色素的合成，抑制叶绿素的生成和果实的脱绿过程，降低挥发性物质的产生及果胶物质的分解，进而推迟成熟和延缓衰老进程。

（3）抑制果蔬乙烯的生成和作用。乙烯是一种存在于植物体内的微量生长激素，能够促进果实的生长和成熟，并显著加快后熟和衰老的进程，因此被称为"催熟激素"。通过抑制乙烯在果蔬细胞中的生成，或者减弱乙烯对成

熟的促进作用，可以有效延迟果蔬的呼吸高峰，并推迟其后熟及衰老过程。低氧或无氧条件下，乙烯的生成受到抑制，其对代谢的刺激作用也有所减弱。低浓度的二氧化碳会促进乙烯的生成，但高浓度的二氧化碳则能够抑制乙烯的形成，并延缓其对果蔬成熟的作用，同时干扰芳香类物质的合成与挥发。

2. 气调贮藏对食品成分变化的影响

在氧气的作用下，食品中的脂肪容易发生自发性氧化反应，生成醛类、酮类和低分子酸类等化合物，导致脂肪酸败现象，进而引发食品品质下降。气调冷藏通过采用低氧浓度或充氮气等方法，能够有效抑制脂肪的氧化酸败过程。这不仅防止了脂肪酸败引发的异味问题，还避免了"油烧"现象导致的色泽改变，同时减少了脂溶性维生素的流失。此外，氧气还会促使食品中的多种成分发生氧化反应，如抗坏血酸、半胱氨酸、芳香环化合物等。这类氧化反应不仅降低了食品的营养价值，还可能生成有害的过氧化物，同时对食品的色泽、香气和风味等品质产生负面影响。而气调贮藏技术能够有效减少这些氧化反应的发生，保持食品品质的稳定性，有助于延缓食品色、香、味等特征的劣化，确保其整体质量稳定性。

3. 气调贮藏对微生物生长与繁殖的影响

在低氧环境下，好气性微生物的生长和繁殖会受到抑制，而高二氧化碳浓度则能够限制果蔬中某些微生物的活动。然而，某些霉菌对二氧化碳的耐受力较强，甚至有少数真菌在高二氧化碳浓度下表现出更有利的生长条件，如白地霉菌在高二氧化碳环境中其生长会被刺激。此外，一些细菌和酵母菌可以将二氧化碳作为其碳源来利用。通常，若希望二氧化碳在气调保鲜过程中起到有效的抑菌作用，其浓度需要保持在20%以上。过高的二氧化碳浓度可能对果蔬组织产生毒害效应，如若处理不当，果蔬受到的损害可能会超过微生物的抑制效果。因此，应根据果蔬的不同特性，合理选择低温、相对湿度，以及氧气和二氧化碳浓度的适当组合，在保障果蔬正常代谢的前提下，采取多方位的控制措施，既能有效抑制微生物的生长繁殖，又能延缓果蔬的后熟。

（三）气调贮藏保鲜的作用

气调贮藏是一种通过调节贮藏环境中气体成分，优化农产品保存条件的先进技术，具有以下显著作用。

第一，保鲜效果良好。气调贮藏能够有效减缓水果和蔬菜等易腐烂食品的呼吸作用，从而保持其新鲜度和营养成分。这种技术通过降低氧气浓度和提高二氧化碳浓度，显著延缓细菌和真菌的生长，保持农产品的色泽、风味和质地，使其在贮藏期间保持良好的感官品质。

第二，贮藏时间延长。与传统贮藏方法相比，气调贮藏能够显著延长农产品的贮藏时间。通过控制气体的组成，降低呼吸速率，气调贮藏技术使得某些产品的贮藏时间可以延长数周甚至数月，为农产品的流通提供更大的灵活性和便利性。

第三，减少贮藏损失。气调贮藏通过改善贮藏环境，减少因微生物活动和生理老化造成的损失。这种贮藏方式有效降低水分蒸发和腐烂的风险，从而减少经济损失，提高农产品的整体收成率，对农业生产者而言具有重要的经济意义。

第四，延长货架期。气调贮藏不仅能够延长贮藏时间，还能够有效延长产品的货架期。这对于零售商和消费者来说，意味着可以在更长时间内享用新鲜的农产品，减少食品浪费，有助于提升消费者的购物体验和满意度。

第五，有利于开发无污染的绿色食品。采用气调贮藏技术，可以在不使用化学防腐剂的情况下延长食品的保存时间。这种方法有助于推动无污染绿色食品的开发与生产，符合现代消费者对健康食品的需求，促进可持续农业的发展。

第六，有利于长途运输和外销。气调贮藏技术为长途运输提供有效的解决方案。通过在运输过程中维持适宜的气调环境，可以最大限度地保证农产品的新鲜度和质量，减少运输途中的损耗，从而促进国际贸易和出口，扩大市场份额。

第七，具有良好的社会效益和经济效益。气调贮藏不仅在经济上为生产者和零售商带来利益，同时也对社会效益产生积极影响。通过减少食品浪费，确保食品安全与质量，气调贮藏技术有助于提高消费者的生活质量，促进农业可持续发展，为提升社会的整体福利作出贡献。

二、食品气调贮藏保鲜的类型

气调贮藏根据技术手段的不同，通常可以分为两大类，即人工气调贮藏（CA）和自发气调贮藏（MA）。

（一）人工气调贮藏

人工气调贮藏是一种通过人为调控贮藏环境中气体成分浓度并维持其稳定的方法。该技术能够根据不同产品的需求，精确调节氧气和二氧化碳的比例，并且与贮藏温度紧密结合，因此贮藏效果显著。由于氧气和二氧化碳比例可以严格控制，人工气调贮藏在保鲜效果上通常优于其他方法。

（二）自发气调贮藏

自发气调贮藏则依靠食品本身的呼吸作用，在贮藏过程中逐渐降低氧气浓度并增加二氧化碳含量，从而形成气调环境。理论上，在有氧呼吸的情况下，每消耗 1% 的氧气会产生 1% 的二氧化碳，而氮气浓度保持不变（即氧气与二氧化碳之和仍为 21%）。但在实际应用中，通常会出现氧气消耗量大于二氧化碳生成量的情况，即氧气与二氧化碳的比例总和低于 21%。自发气调贮藏操作相对简单，通常通过使用塑料袋进行，但调节氧气和二氧化碳浓度的时间较长，难以精准维持气体比例，因此保鲜效果不如人工气调贮藏。

随着数十年的研究和技术进步，气调贮藏技术得到了显著发展，创新出了多种不同于传统气调方法的新技术，如快速 CA、低氧 CA、低乙烯 CA 和双维 CA（动态、双变气调）等。这些新技术不仅丰富了气调理论和技术，还为生产实践提供了更多选择。

三、食品气调贮藏保鲜的条件

气调贮藏，在控制贮藏环境中氧气和二氧化碳含量的同时，还要控制贮藏环境的温度，并且使三者充分配合。

（一）气调贮藏的温度要求

在应用气调贮藏技术保存果蔬时，即使在相对较高的温度下，也能够实现良好的保鲜效果。这是因为，果蔬能够长时间保持新鲜，主要依赖于通过各种手段抑制其新陈代谢，尤其是呼吸代谢过程。这些抑制代谢的方式包括降低温度、增加二氧化碳浓度以及降低氧气浓度等措施。可以看出，这些条件实际上为果蔬提供了某种形式的逆境，而适度利用这些逆境正是保鲜成功的关键。然而，果蔬的抗逆性是有限的，超过一定范围可能会产生负面影响。例如，某些苹果品种在常规冷藏条件下的适宜温度为 0 ℃，但在气调贮藏时，若同时施加低氧、高二氧化碳的条件，苹果可能会因无法承受多重抑制而出现二氧化碳伤害等问题。因此，为避免此类伤害，气调贮藏中的温度可以适当提高至 3 ℃左右，仍能取得良好的保鲜效果。类似地，绿熟番茄在 20～28 ℃的气调贮藏条件下，能够获得与在 10～13 ℃普通空气环境下贮藏相似的效果。这说明，对于热带和亚热带果蔬，气调贮藏具有显著意义，因为可以通过适度升高贮藏温度来避免冷害。当然，所谓的较高温度仍然需要在合理范围内，必须配合适宜的低温，才能实现最佳的保鲜效果。

（二）氧气、二氧化碳和温度的相互作用

在气调贮藏中，气体成分与温度不仅对贮藏产品单独产生影响，且这些因素之间也相互作用，形成综合效应。贮藏效果的优劣，实际上取决于这些因素相互作用是否被合理应用，因此，在气调贮藏中，这种效应必须得到充分重视。要实现理想的贮藏效果，氧气、二氧化碳与温度的组合必须达到最佳平衡。当其中一个条件发生变化时，其他条件也需要进行相应调整，才能

维持理想的综合贮藏环境。不同产品有其独特的最佳贮藏条件组合，但这些条件并非固定不变。当某个因素改变时，往往可以通过调整其他因素来弥补可能产生的不利影响。因此，即使是同一产品，在不同的地区或条件下，适合的贮藏方案也可能有所差异，且各自都能达到理想的贮藏效果。

在实际应用中，低氧浓度有助于延缓叶绿素的分解，而适量的二氧化碳能进一步增强保持绿色的效果，这体现了氧气和二氧化碳的积极相互作用。然而，当贮藏温度升高时，产品中的叶绿素分解速度加快，高温的不利影响就会抵消低氧和适量二氧化碳的保绿效果，破坏了这种正向的相互作用。因此，在气调贮藏过程中，合理调控各因素的平衡非常重要，以最大限度保持贮藏效果。

（三）贮前高二氧化碳浓度处理的效应

在气调贮藏开始之前对果蔬进行高浓度二氧化碳处理，已被广泛证明能够显著增强气调贮藏的保鲜效果。某些新采摘的果品或蔬菜对高浓度二氧化碳和低氧环境具备较强的耐受性。通过预先施加高浓度二氧化碳处理，能够有效抑制果蔬的呼吸作用和新陈代谢，从而减缓其成熟与衰老的速度。在贮藏初期，这种处理方式可以延缓生理和生化反应，有助于减少腐烂及失水，从而保持果蔬的质量和延长贮藏期。这一处理方法已在实验室研究和实际生产中得到验证，成为提高气调贮藏效果的关键手段之一。

（四）贮前低氧气浓度处理的效应

在气调贮藏开始之前进行低浓度氧气处理，也是一种有效的保鲜措施。低氧处理可以有效降低产品的呼吸速率，延缓其衰老和变质的过程，进而提高贮藏效果。低氧环境能够减少果实中的氧化反应，并抑制某些与成熟和衰老相关的酶的活性，因此对延长果蔬的保质期具有重要意义。通过在贮藏前期采用低氧处理，不仅可以减缓果实的代谢活动，还能够提高果蔬对贮藏环境的适应性。该措施可与气调贮藏技术相结合，进一步强化果蔬的耐贮性，

在保持其新鲜度的同时，减少储藏过程中因氧化引起的质量损失。

四、食品气调贮藏保鲜的方法

气调贮藏的实施主要有封闭和调气两部分。调气是创造并维持产品所要求的气体构成。封闭则是杜绝外界空气对所创造的气体环境的干扰破坏。目前国内外的气调贮藏方法，按其封闭设施的不同可分为两类：一类是气调贮藏库（简称气调库）贮藏法，另一类是塑料薄膜气调贮藏法。

（一）气调库

气调库要有机械冷库的性能，还必须有密封的特性，以创造一个气密环境，确保库内气体组成的稳定。因此，气调库除了具有冷库的保温系统和隔潮系统外，还必须有良好的密封系统，以赋予库房良好的气密性。

1. 气调库的气密性设计

气调库的设计与建造应严格遵循机械冷库的基本建设原则，同时还必须确保库房具备优良的气密性。这一气密性不仅关系到气调库的整体性能和存储效率，更是气调库建设成败的关键因素之一。因此，为了满足气密性要求，必须在气调库的围护结构上施加气密层。气密层的设定是气调贮藏库设计与施工过程中至关重要的一环。在选择气密层所使用的材料时，需要遵循一系列明确的原则，具体如下：

（1）材质均匀一致，具有良好的气体阻绝性能。在气调库的建设过程中，所选材料的均匀性及一致性至关重要。这些材料必须展现出良好的气体阻绝性能，能够有效阻挡外部空气的渗入和内部气体的泄漏。气体阻绝性能的优劣直接影响气调库内气体成分的稳定性，从而关系到储存产品的品质与安全。因此，均匀一致的材质确保了材料在整体结构中的一致表现，使得气调环境得以维持在预定的理想状态。

（2）材料的机械强度和韧性大，当有外力作用或变温时不会撕裂、变形、折断或穿孔。气密材料在面对外力作用或温度变化时，必须具备足够的机械

强度与韧性，以避免出现撕裂、变形、折断或穿孔等现象。强度和韧性的结合使得材料能够承受不同环境下的压力和冲击，确保气密层的完整性。这一特性对于长时间使用的气调库尤为重要，因为任何物理损伤都可能导致气体交换不受控，从而影响库内的气调效果。

（3）性质稳定，耐腐蚀，无异味，无污染，对产品无害。所选材料应具有优异的稳定性，能够在各种环境条件下保持其物理和化学性质不变。此外，耐腐蚀性是一个不可或缺的特性，以保证材料在潮湿和化学介质存在的环境中不会发生降解或性能损失。同时，这些材料必须无异味和无污染，确保它们对储存产品的质量没有任何负面影响。只有这样，才能有效地维护气调库的卫生与安全，避免对食品或其他产品造成潜在的危害。

（4）能抵抗微生物的侵染，易于清洗和消毒。气密材料还应具备抵抗微生物侵染的能力，这对于维护库内环境的清洁至关重要。能够有效抑制微生物的生长不仅有助于延长气调库的使用寿命，还能确保存储产品的质量与安全。此外，材料的清洗和消毒便捷性同样重要，它们必须易于处理，以便在使用过程中能够定期进行清洁，确保库内环境符合卫生标准，从而避免任何由于微生物活动引起的质量问题。

（5）可连续施工，能把气密层制成一个整体，易于查找漏点和修补。在气调库的施工过程中，所选材料应便于进行连续施工，能够无缝连接以形成一个完整的气密层。连续性不仅有助于提高施工效率，还能在后期维护时更加方便地查找潜在的漏点，进而实施有效的修补。整体性强的气密层能够最大限度地减少气体渗漏的风险，从而保障气调环境的稳定性和有效性。

（6）黏结牢固，能与库体黏为一体。所选材料的黏结性能必须十分优越，以确保其能够与库体形成牢固的结合。这一特性不仅增强了气密层的整体性能，还能有效防止因材料之间的分离而导致的气体渗漏。良好的黏结性使得气调库的结构更加稳固，确保气调库在长期使用过程中仍然能够保持其优良的气密性，进而保障库内产品的安全与品质。

在气调库的建筑过程中，常用作气密材料的选项包括钢板、铝合金板、铝箔沥青纤维板、胶合板、玻璃纤维、增强塑料以及塑料薄膜。此外，各类密封胶、橡皮泥和防水胶布等辅助材料也被广泛应用于气密性构造中。这些材料的组合使用，将有助于构建出既具有优良气密性，又具备持久稳定性能的气调库，进而提升其在食品存储和贮藏过程中的效能。

2. 气调库的气密性检验

在气调库的设计与建设过程中，实现绝对气密性几乎是不可能的，然而，允许存在一定程度的气体通透性是可以接受的，但这一通透性必须严格控制在规定的标准之内。因此，在气调库建成后，或在其重新投入使用之前，进行气密性检验显得尤为重要。这一检验不仅是确保气调环境有效性的重要环节，也是保障储存产品质量和安全的必要措施。

气密性检验的结果必须符合相关规定的标准。如果检测结果显示气密性未达到预期要求，相关人员需对气密性不合格的原因进行详细地分析与查明。针对问题所在，必须采取有效的修补措施，以确保库房的密封性恢复到标准要求的水平。只有在确认气密性达到规定标准后，气调库才能正式投入使用，确保其在存储和保鲜过程中发挥应有的效能。

在气密性检测的具体方法中，常用的有正压法和负压法。这两种方法各有其特定的应用场景与优势，具体如下：

（1）正压法。正压法通过在气调库内部施加一定的正压，以检测气体的泄漏情况。在正压状态下，若库体存在泄漏点，外部空气将会通过这些漏洞涌入库内。检测过程中，可以利用气体检测仪器监测库房内部压力的变化，以此判断气密性是否符合标准。这种方法的优点在于能够快速识别出气密性不合格的区域，从而为后续的修补工作提供了重要依据。

（2）负压法。与正压法相反，负压法是通过在气调库内部创造负压环境来检测气密性。在此过程中，外部空气将被吸引向库内，任何潜在的泄漏点都将使外部空气渗入，从而影响库内的负压水平。通过观察负压的维持情况，

可以有效判断气密性的好坏。这种方法在某些情况下可能更加敏感，适合于检测微小的漏点。

3. 气调库的气体调节系统

气调贮藏系统配备了专门的气调技术，以实现气体成分的存储、混合、分配、测试和调整等功能。一个完善的气调系统通常由以下三大类设备构成：

（1）贮配气设备，此类设备主要包括贮气罐、气瓶，以及配气所需的减压阀、流量计、调节控制阀、仪表和管道等组件。通过合理的设备连接，确保在气调贮藏期间所需各类气体的供应，并以适当的速度和比例输送至气调库，以满足新鲜果蔬的存储需求。

（2）调气设备，此类设备包括真空泵、制氮机、降氧机、富氮脱氧机（如烃类化合物燃烧系统、分子筛气调机、氨裂解系统、膜分离系统）、二氧化碳洗涤机、S氧气发生器以及乙烯脱除装置等。先进的调气设备的应用能够迅速有效地降低氧气浓度，提升二氧化碳浓度，去除乙烯，并保持各气体成分在满足贮藏对象要求的理想水平。

（3）分析监测仪器设备，此类设备包括采样泵、安全阀、控制阀、流量计、奥氏气体分析仪、温湿度记录仪、氧气检测仪、二氧化碳检测仪、气相色谱仪和计算机等。这些分析监测仪器确保了在气调贮藏过程中相关条件的精确检测，为气体的调配提供科学依据，并对气体的混合过程进行自动监控。此外，气调库内还配备了湿度调节系统，这是气调贮藏的基本设施之一。同时，气调库的制冷负荷要求通常高于普通冷库，这是由于在装货过程中，必须在较短时间内将库温降至适宜的贮藏温度。

（二）塑料薄膜气调贮藏法

1. 垛封法

在实施贮藏时，先将透气的包装材料装填于贮藏产品中，然后将其整齐堆放成垛。为确保堆垛底部的通风，首先在地面铺设一层垫底薄膜，随后在

其上放置垫木，以使盛装产品的容器高出地面。堆放完成后，使用塑料帐罩住整个垛体，并将帐子与垫底薄膜的四个边缘相互重叠，并卷起后埋入垛周围的小沟中，或者用其他重物压紧，以实现良好的密封效果。对于一些耐压性较强的产品，可以选择散堆到帐架内部后再进行封闭。所选用的塑料薄膜一般为厚度在 0.07～0.20 mm 之间的聚乙烯或无毒聚氯乙烯材料。

在塑料帐的两端设有袖口（由塑料薄膜制成），用于充气和垛内气体的循环。这些袖口也便于取样和检测气体成分的变化。此外，帐子还应设置取气口，以便进行气体成分的监测，并可通过该口向垛内充入气体消毒剂。当不使用时，需要将气口封闭，以防止外部空气的进入。

为了防止凝结水对贮藏产品的侵害，须采取措施使封闭帐保持悬空，避免其直接接触到产品表面。帐顶的凝结水可以通过加衬吸水层或将帐顶设计成屋脊形，以有效防止水滴落到产品上，从而引发腐烂病害。塑料薄膜帐的气体调节可以采用气调库的多种调气方式，而帐子上的硅橡胶窗则可实现自动调气功能。

2. 袋封法

在袋封法中，将产品放置于塑料薄膜袋中，扎紧袋口以实现封闭后，将其存放在库房内。气体调节的方式如下：

（1）定期调气或放风。使用厚度为 0.06～0.08 mm 的聚乙烯薄膜制成袋子，再将产品装入袋中并密封后存放入库。当袋内的氧气浓度降低至设定的下限，或二氧化碳浓度上升至设定的上限时，便打开袋口进行放风，注入新鲜空气后再次封口进行贮藏。

（2）自动调气。采用厚度为 0.03～0.05 mm 的薄塑料膜制作的小包装袋。由于膜材极薄，具有良好的透气性，因此能够在短时间内形成并维持适宜的低氧气浓度和高二氧化碳浓度的气调环境，避免造成低氧或高二氧化碳对产品的伤害。这一方法适合于短期贮藏、长途运输或零售包装的多种果蔬。此外，可以根据产品的种类、品种、成熟度及用途等，向塑料薄膜袋上粘贴一定面积的硅橡胶膜，从而实现自动调气的效果。

五、气调贮藏的指标调节与管理

（一）气体指标及调节方法

1. 气调贮藏的气体指标

气调贮藏技术是现代食品保存领域的重要方法之一，其通过调节贮藏环境中的气体成分，以延长食品的保鲜期，减少腐败现象。根据人为控制气体种类的数量，气调贮藏可分为单指标、双指标和多指标三种类型：

（1）单指标气调贮藏。单指标气调贮藏仅对贮藏环境中的某一种特定气体进行控制，例如氧气、二氧化碳或一氧化碳等。此类方法在实际应用中，往往忽略了对其他气体成分的调节，因此其适用性和灵活性相对较低，但在某些情况下，如针对特定食品的保鲜需求，单指标气调仍能发挥一定的作用。

（2）双指标气调贮藏。双指标气调贮藏是一种更为复杂的贮藏技术，旨在对两种主要气体成分进行共同调节，通常为氧气和二氧化碳。该方法不仅有助于降低氧气浓度以抑制食品呼吸作用，还能提高二氧化碳的浓度以抑制微生物的生长。这种双重调节的方式使得贮藏效果显著改善，特别是在延长新鲜水果和蔬菜的保质期方面，其应用前景广阔。此外，双指标气调也可以根据需求，替换为其他两种气体成分，以适应不同食品的特性。

（3）多指标气调贮藏。多指标气调贮藏则是在双指标的基础上进一步扩展的一种贮藏方法。在这种方法中，不仅对氧气和二氧化碳进行调控，还同时关注其他与贮藏效果密切相关的气体成分，例如乙烯和一氧化碳等。这种方法的优点在于能够更全面地控制贮藏环境中的气体成分，从而显著提升食品的贮藏效果。然而，多指标气调贮藏的实施难度较大，要求对气体成分的调节具有更高的精准度，因此对调气设备的技术要求也相应提高。同时，设备投资成本较高，使得这种方法的推广和应用受到一定限制。因此，在选择具体的气调贮藏方式时，需要综合考虑食品种类、贮藏条件以及经济投入等多方面因素。

2. 气体的调节方法

在气调贮藏过程中，容器内部的气体成分会经历一个从初始正常空气成分到设定气体指标的转变。这一转变阶段通常被称为"降氧气期"，其核心特征是氧气浓度的降低和二氧化碳浓度的提升。降氧气期之后，贮藏环境进入"稳定期"，在此阶段，氧气和二氧化碳的浓度被维持在预定的指标范围内。降氧气期的持续时间、所采用的调节方法以及稳定期内的气体管理手段，均直接影响着果蔬产品的贮藏效果，同时也涉及所需设备器材的选择与配置。以下是主要的气体调节方法：

（1）自然降氧法，亦称为缓慢降氧法。此方法依赖于被封闭产品自身的呼吸作用，以自然方式实现氧气的逐渐下降和二氧化碳的积累。通过控制贮藏环境中的温度和湿度，这种方法能够在较长的时间内缓慢降低氧气浓度，使之达到所需水平。然而，该方法的效率相对较低，可能不适用于需要快速降低氧气浓度的情况。

（2）人工降氧法，即快速降氧法。该方法通过人为操作，迅速降低封闭容器内的氧气浓度并提高二氧化碳浓度，从而基本上省略了降氧气期。这一过程通常在几分钟至几小时内完成，使得贮藏环境立即进入稳定期。人工降氧法能够显著提高气调贮藏的效率，但需配备相应的设备以实现快速气体调节。

（3）充氮自然除氧气法。这种方法将自然降氧气法与快速降氧气法结合在一起。在实际操作中，首先采用快速降氧法将氧气含量快速降低至约10%，接着再依靠果蔬的自身呼吸作用使氧气浓度进一步下降，同时二氧化碳浓度逐渐增加。由于氧气从10%降至5%的过程成本较高，因而这种组合方法不仅提高了效率，同时降低了整体操作成本，适用于多种果蔬产品的贮藏。

（4）充二氧化碳自然降氧气法。在此方法中，首先在果蔬被密封于塑料薄膜帐篷后，向其内部充入一定量的二氧化碳。随后，依靠果蔬本身的呼吸作用及添加消石灰等化学剂，使氧气和二氧化碳浓度同步下降。这种方法有效地抵消了贮藏初期高氧气浓度带来的不利影响，因而其效果明显优于传统

的自然降氧气法，并且与快速降氧气法相似，能够更好地保障食品的贮藏质量。

（5）减压降氧气法。这一方法通过降低气压来降低氧气浓度，同时使室内空气中各组分的分压也相应下降。减压降氧气法，又称为低压气调冷藏法或真空冷藏法，是气调冷藏技术的进一步发展。该方法不仅可以有效降低氧气浓度，还能减缓果蔬的呼吸速率，延长其贮藏寿命，因而在现代贮藏技术中得到了广泛应用。

以上气体调节方法各有其特点与应用场景，选择适宜的方法将显著提高气调贮藏的效率和果蔬产品的保鲜效果。

（二）气调贮藏的温度、湿度管理

气调贮藏技术作为一种现代化的食品保鲜方法，不仅依赖于气体成分的调节，还高度依赖于温度和湿度的精准管理，这两者的有效控制对于延长果蔬等易腐食品的贮藏寿命、保持其营养价值和感官品质具有重要的意义。

第一，温度管理。温度是影响果蔬呼吸速率和生理活动的主要因素。适宜的低温环境能够减缓果蔬的生理代谢，降低呼吸强度，进而减缓成熟和腐败的速度。例如，绝大多数水果和蔬菜在 0～4 ℃的低温环境中贮藏时，其呼吸速率显著降低，延长了保鲜期。然而，过低的温度可能会导致某些果蔬的冷害，影响其质地和口感，因此需要根据不同品种的特点进行温度设置。此外，温度的波动也是一个重要的考量因素，频繁的温度变化可能导致果蔬的"冷藏疲劳"，影响其储存效果。因此，在气调贮藏中，维持稳定的低温环境是实现最佳贮藏效果的基础。

第二，湿度管理。相对湿度对于果蔬的贮藏质量起着重要作用。过高的湿度会导致果蔬表面水分过多，从而增加霉菌和细菌的滋生风险，促进腐烂；而湿度过低则会导致果蔬失水，影响其新鲜感和口感。因此，在气调贮藏过程中，应保持相对湿度在适宜的范围内，通常为 85%～95%。这一湿度范围有助于减少水分蒸发，保持果蔬的鲜嫩口感。同时，湿度的监测和控制也需

要依赖于现代技术手段，如采用湿度传感器和自动控制系统，以实时监测贮藏环境的湿度变化，并进行相应调整。

第二节　食品低温贮藏保鲜技术

一、食品低温贮藏保鲜技术的原理

（一）低温与微生物原理

与其他生物一样，微生物的生存、发育和繁殖只能在特定的温度范围内进行。这个范围的最低温度被称为生物零度。当温度低于这一点时，微生物会进入抑制状态，但并非完全死亡。甚至在人工制造的约 $-260\ ℃$ 的极端低温环境中，仍有微生物能够存活。通常情况下，腐败菌和病原菌在 $10\ ℃$ 以下时，它们的生长就会受到明显抑制。因此，低温对微生物的生存、发育和繁殖有显著影响，同时微生物也表现出对低温的强大抵抗力。

1. 低温对微生物的影响

低温对微生物的影响是微妙而复杂的。微生物对于低温的敏感性相对较低，大多数微生物在接近最低生长温度时会进入休眠状态，新陈代谢活动大大减缓。随着温度的降低，微生物的繁殖速度也相应减慢，而温度的升高则会刺激微生物的生长与繁殖。在冻结状态下，微生物的繁殖速度被大大抑制。

对于中温微生物而言，如大多数腐败菌，它们最适宜的繁殖温度通常在 $25\sim37\ ℃$ 之间。当温度降低到 $10\ ℃$ 以下时，它们的繁殖速度就明显变慢，直至在 $0\ ℃$ 左右时几乎停止。而低温微生物，即嗜冷菌，对低温的适应能力较强。在 $0\ ℃$ 左右，它们的繁殖速度开始减缓，在 $-5\ ℃$ 左右生长基本被控制，在 $-12\ ℃$ 左右繁殖才能趋于停止。然而，某些嗜冷菌如霉菌、酵母菌的耐低温能力更强，即使在 $-8\ ℃$ 的低温下，它们仍能保持一定的活性，直至 $-10\ ℃$ 以下才完全停止生长。由于食品内的水分含量，这些微生物在低温下仍有生

长的可能性，只有将温度降低到 −18 ℃以下，才能有效地抑制它们的繁殖。

冻结状态下微生物的菌数会随着时间的推移而逐渐下降。尤其是在稍低于冰点的温度，如 −5～−1 ℃，微生物的数量下降更为明显，但是低于 −5 ℃时，下降的速度就会明显减缓。一般来说，在低于 −20 ℃的极低温下，微生物的数量下降非常缓慢。

冻结状态下微生物的细胞会遭受到一系列的影响。首先，微生物内的水分会大部分形成冰结晶，导致细胞受到机械损伤。其次，由于水分被冻结，微生物的细胞失去了可利用的水分，进而导致干燥状态，细胞质内的水分浓缩，电解质浓度增高，细胞质的 pH 和胶体状态发生改变，甚至可能引起部分蛋白质的变性。

2. 微生物对低温的抵抗力

在微生物学领域，微生物对低温的抵抗力是一个备受关注的研究课题。低温环境对微生物的生存、繁殖和代谢活动有显著影响，但许多微生物在极端低温条件下仍能展现出强大的生存能力。这种抵抗力不仅取决于微生物的种类和形态，还受到菌龄、培养基、污染量以及冷冻条件的多重影响。因此，微生物对低温的适应机制具有复杂性和多样性。

微生物对低温的抵抗力并非单一现象，不同种类的微生物在面对低温时表现出不同的适应能力。嗜冷荧光菌是典型的耐寒微生物之一，即使在 0 ℃以下的环境中，依然能够继续繁殖。这类微生物拥有特定的酶系统和细胞膜结构，使其能够在较低温度下维持代谢活动。然而，其他微生物在极低温下也表现出显著的生存能力。例如，结核杆菌在液氮中（−196 ℃）经过 10 小时的冻结后依然未完全死亡，显示出惊人的抗冻能力。此外，球菌通常比革兰氏阴性杆菌具有更强的抗冻能力，这可能与其较厚的细胞壁有关，为其提供了额外的物理屏障来抵抗寒冷。

孢子的形成也是增强微生物抗冻能力的重要机制。具有孢子的细菌和真菌，其孢子在低温下的生存能力远高于非孢子形成菌。例如，梭状芽孢杆菌的芽孢具有极强的抗冻特性，能够在极端低温下存活较长时间。孢子是一种

休眠结构，内部水分含量极低，因此在冻结过程中能够避免水分形成冰晶对细胞结构的破坏。此外，孢子的代谢活性极低，减少了对外界营养物质和能量的需求，使其在恶劣环境下能够保持生存。

微生物对低温的抵抗力不仅取决于其本身的生理结构，还受到外部因素的影响。菌龄是影响微生物抗冻能力的重要因素之一。通常，较幼龄的细菌在面对低温时更易死亡。以荧光菌为例，研究发现，经过不同时间培养的菌株在 $-16\ ℃$ 冻结 4 分钟后，菌龄较长的菌株其死亡率明显低于菌龄较短的菌株。这表明，微生物在成熟过程中逐渐获得了更强的抗冻能力，可能与细胞壁结构的完善或代谢调节机制的成熟有关。

冷冻贮藏时间是影响微生物存活率的关键因素。随着冷冻食品贮藏时间的延长，微生物的死亡率逐渐上升。这一现象可以归因于低温对微生物细胞内酶的长时间抑制作用，使其代谢活动无法持续进行，最终导致细胞的不可逆损伤。此外，冻藏温度对微生物的存活也有显著影响。例如，在 $-70\ ℃$ 条件下快速冻结的大肠杆菌，其在不同温度下贮藏的存活率有显著差异。高温冻藏条件下的大肠杆菌存活率高于低温冻藏条件下，说明较高的冷冻温度可能无法彻底抑制微生物的代谢活动，反而有利于其部分恢复生机。而在冻结和解冻的交替过程中，微生物的死亡率则进一步上升，这是因为反复的温度波动导致微生物细胞膜结构的破坏，使其无法适应环境变化。

除了温度因素外，培养基的 pH 也会影响微生物在低温下的生存能力。一般而言，微生物在接近中性的环境中，其存活率较高。例如，病原菌在 $-40\sim-18\ ℃$ 的条件下冷藏，并接种于中性 pH 的樱桃表面，能够存活 $2\sim3$ 个月，而在酸性果汁中仅能生存 4 周。这一差异揭示了食品的酸碱度对于微生物存活的重要性。酸性环境不仅抑制了微生物的代谢活动，还可能对其细胞膜和酶系统造成直接损伤，降低其抗冻能力。

3. 食品冷藏中微生物的活动

在食品冷藏过程中，微生物的活动扮演着关键的角色，这是一个涉及微生物生命活动与环境温度变化之间复杂互动的过程。冷藏作为延长食品保质

期的重要手段，其实质是通过低温抑制微生物的生长繁殖。然而，微生物对温度的反应是多样且复杂的，因此食品冷藏的有效性不仅依赖于温度的降低，还与微生物的种类和特性密切相关。

在冷却食品的冷藏过程中，微生物的生长速度与温度成反比关系。通常情况下，当温度接近 0 ℃时，大多数嗜冷性微生物的代谢活动会显著减弱，从而延缓了食品的腐败过程。例如，常见的致病微生物如大肠杆菌和沙门氏菌在低温下的繁殖速度明显减慢，这有助于保障食品的安全。然而，仍有部分耐低温微生物如假单胞菌、无色杆菌等能够在冷藏条件下存活，并对食品的质量产生潜在威胁。假单胞菌尤其值得关注，其在低温下虽繁殖较为缓慢，但仍然能够引起食品的表面变色或出现灰白色薄膜，影响食品的外观和感官品质。这类微生物的存在使得冷藏食品在长时间存放过程中存在一定的安全隐患。

相比之下，冻结食品的冻藏通常被认为是更为有效的保鲜方式，因极低的温度（通常在 -18 ℃以下）能够抑制绝大多数微生物的生长与繁殖。但是，某些嗜冷性微生物仍能够在冻结环境中存活，并在适当的条件下重新活跃。例如酵母菌和霉菌等具有较强的耐寒性，即便在极低温下也能保持一定的代谢活动，虽然生长缓慢，但长时间冻藏仍可能导致食品质量的下降。此外，微生物所分泌的酶和毒素，即使在冻结状态下，也可能继续对食品产生影响，进而导致食品的风味、质地和营养成分发生变化。这一现象在肉类食品中表现尤为突出，如果在冻结前受到污染，甚至可能引发食品中毒等安全问题。

因此，在食品冷藏与冻藏过程中，严格的卫生控制和科学的温度管理显得尤为重要。在食品加工、运输与贮存的各个环节中，均应确保操作的规范化和环境的洁净度，以减少微生物污染的风险。只有在食品冷藏的过程中，有效控制微生物活动，才能在保证食品安全的同时延长其保质期，并确保食品的口感、观感和营养价值稳定。

（二）低温与呼吸作用原理

1. 低温与呼吸速度

食品在贮藏过程中，其化学反应速度的变化与温度密切相关。通常，温度每上升 10 ℃，化学反应的速度会加快，具体加快的倍数被称为温度系数。这一系数在食品保藏中的作用尤为显著，尤其是低温条件下的保藏。低温保藏的核心目的在于抑制化学反应的速度，因此，温度系数越高，低温贮藏的效果就越明显，能够更有效地延缓食品的劣变和腐败。

不同种类的果蔬具有不同的温度系数，在 0～35 ℃的温度范围内，温度的降低通常会导致温度系数增大，进而减缓果蔬的呼吸速度。这种呼吸速度的减弱有助于延长果蔬的保鲜时间，有利于其在较长时间内保持良好的品质。然而，当温度升高至 35～40 ℃以上时，尽管呼吸速度在一段时间内会呈现下降趋势，但随着温度继续上升，果实中的酶活性会受到破坏，导致呼吸作用完全停止。这种现象表明，高温不仅不利于果蔬的保藏，甚至可能对果蔬内部的生化过程产生不可逆的损害。因此，在果蔬保藏中，温度的合理控制至关重要，适当的低温贮藏能够显著延缓呼吸速率，抑制酶促反应，从而延长贮藏期并保持果蔬的营养和感官品质。

2. 低温与呼吸高峰

低温条件对果蔬的呼吸作用具有显著影响，尤其是在有呼吸高峰现象的果蔬中。当果蔬置于低温环境下，其代谢活动相对减缓，呼吸速率随之下降。这种呼吸速度的减缓能够有效延迟果蔬呼吸高峰的出现。通过降低环境温度，不仅可以延迟呼吸高峰的到来，还能降低呼吸高峰的强度，从而延缓果蔬的衰老过程，延长其保鲜期。

3. 低温与呼吸强度

在食品科学与贮藏工程领域，低温环境对果蔬呼吸强度的调控是维持其营养品质与延长货架期的核心策略之一。呼吸强度，作为量化果蔬生理代谢活跃程度的关键指标，其动态变化受到一系列复杂内外因素的精密调控。

（1）内在遗传特性与发育阶段对呼吸强度的决定性作用。果蔬的种类、品种特异性以及生长发育阶段构成了影响其呼吸强度的内在基础。遗传学不同种类果蔬在遗传物质上存在差异，这些差异直接反映在其生理代谢模式上，导致在相同环境条件下呼吸强度的显著差异。具体而言，绿叶蔬菜由于其高水分含量和快速代谢特性，往往展现出最高的呼吸强度；相比之下，仁果类和根茎类蔬菜因其结构特性及代谢路径的差异，呼吸强度相对较低。此外，同种类果蔬中不同品种的呼吸强度亦有所不同，这可能与品种间基因的差异调控呼吸酶活性和代谢路径有关，尤其是早熟品种相较于晚熟品种，通常具有更高的呼吸代谢活性。

（2）环境温度作为关键外因对呼吸强度的调节。外界温度是影响果蔬呼吸强度最显著的环境因素之一。根据酶促反应动力学原理，温度的升高会加速呼吸酶催化反应的速率，进而增强呼吸强度；反之，低温则能有效减缓呼吸酶的活性，降低呼吸速率，从而减缓果蔬的营养物质消耗和衰老进程，有利于保持其新鲜度和品质。因此，在果蔬的贮藏与运输过程中，维持一个稳定且适宜的低温环境对于抑制呼吸强度、延长保鲜期至关重要。此外，温度的波动应尽量避免，以减少由此引起的呼吸强度波动对果蔬品质的不利影响。

（3）气体成分调控呼吸强度的机制。空气中的氧气和二氧化碳浓度作为关键的气体环境因素，对果蔬呼吸强度具有显著的调节作用。高二氧化碳浓度通过抑制呼吸链中的氧化磷酸化过程，减少 ATP 的生成，从而抑制呼吸强度，这是气调贮藏技术的基本原理之一。相反，氧气浓度的增加则会促进有氧呼吸的进行，增强呼吸强度。因此，通过精确调控贮藏环境中的气体成分比例，如采用气调库技术，可以有效控制果蔬的呼吸强度，延缓其衰老过程，提升保鲜效果。

（4）机械创伤与微生物感染对呼吸强度的额外影响。机械创伤不仅破坏了果蔬组织的完整性，还增加了伤口部位与空气的接触面积，导致局部氧浓度上升，从而刺激了呼吸作用的增强。此外，微生物感染也是果蔬呼吸强度增加的一个重要原因。微生物在果蔬表面的定殖和繁殖过程中，会消耗大量

氧气并产生二氧化碳等代谢产物，这一过程加剧了果蔬的呼吸作用，同时，果蔬通过增强呼吸作用产生的活性氧等防御物质来抵御微生物的侵袭。因此，在果蔬的采后处理、贮藏及运输过程中，应尽量减少机械损伤，并严格控制微生物污染，以维持其较低的呼吸强度，保障品质安全。

二、食品冷藏保鲜技术

冷藏技术是一种将食品置于接近但略高于其冰点的温度区间内进行保存的方法，典型的冷藏温度范围设定在 −2～15 ℃，而实际应用中，4～8 ℃被视为最优区间，因其能在保持食品品质的同时实现高效节能。冷藏作为一种广泛应用的贮藏手段，其优势在于便捷性、经济性以及对食品原有风味与营养价值的最小化影响。

冷藏机制的核心在于通过低温环境有效减缓微生物的增殖速率、抑制生物组织内部的新陈代谢活动，包括细胞自溶过程和脂肪氧化等不利化学反应，从而减缓食品品质的劣化。此外，冷藏还能显著降低食品中水分的蒸发流失，有助于维持食品的原始口感与质地。

冷藏的主要目的在于延长食品的可食用期限，通过抑制或减缓微生物活性与果蔬类食品的呼吸作用，确保食品在贮藏期间能够保持高度的新鲜度与风味。特别地，冷藏对于某些食品（诸如肉类）还具有改善质地、提升风味（如增加芳香味）及促进消化的积极作用。

冷藏并非食品保鲜的终极解决方案，它仅能延缓而非完全阻止食品的腐败过程。因此，冷藏食品的保质期相对有限，一般介于数日至数周之间，具体时长取决于食品的种类、初始品质及其成熟度等因素。这要求在实际应用中，需根据食品特性合理规划冷藏时间与条件，以确保食品的安全性与品质。

（一）食品冷藏中物料的选择及处理

1. 食品冷藏中的物料选择

物料选择作为首要环节，其科学性与合理性直接关乎后续贮藏效果与食

品品质的保持。针对植物性食品物料，其独特的物理、化学及生物学特性构成了选择过程中的关键考量因素。具体而言，植物性食品物料往往拥有较为脆弱的组织结构，这使得它们在处理过程中极易遭受机械性损伤，进而影响冷藏期间的完整性与耐贮性。同时，高含水量的特性虽赋予了食品良好的口感与营养价值，但也加剧了冷藏过程中水分流失导致的萎缩现象，影响最终品质。此外，植物性食品富含的各类营养成分不仅是其营养价值的体现，也成为微生物滋生与繁殖的理想基质，加速了食品的腐败变质过程。

植物性食品物料在冷藏前的选择应尤为审慎，特别需关注原料的成熟度。成熟度不仅直接影响食品的口感与风味，更与其呼吸强度、抗病性及耐贮藏性密切相关。过早或过晚采摘均不利于食品品质的长期保持：过早则可能因成熟度不足而影响营养价值与风味；过晚则可能因呼吸作用过强、抗病性减弱而加速腐败。因此，精准把握最佳采摘时机，选取成熟度适中、外观完整、无病虫害的原料，是确保植物性食品冷藏效果的关键一步。

相较于植物性食品，动物性食品物料的选择则侧重于确保其新鲜度与初始品质。动物性食品在屠宰或捕获后，随着时间的推移，其体内酶促反应、微生物活动及营养损失均会逐渐加剧，影响食品的安全性与食用价值。因此，应尽可能在短时间内完成屠宰、捕获至冷藏的转换过程，减少外界因素对食品品质的负面影响。同时，在冷藏前还需进行严格的品质检验与分级处理，剔除不符合标准的个体，确保冷藏物料的一致性与高品质。

2. 食品冷藏前的物料处理

在食品冷藏链的起始阶段，物料的前处理措施对于确保冷藏食品的最终质量具有举足轻重的地位。这一过程不仅关乎食品的安全性与卫生标准，还直接影响到其贮藏稳定性与消费者接受度。具体而言，食品冷藏前的物料处理涵盖了从初步筛选、精细清洗、科学分级到精心包装等一系列精细操作。

对于植物性食品物料而言，前处理的首要任务是彻底去除夹杂其中的杂草、杂叶、果梗、腐叶及烂果等杂质，这些不仅影响食品的外观品质，还可能成为微生物滋生的温床，加速食品的腐败。随后，根据物料的大小、成熟

度等特征进行分级处理，旨在实现同一批次食品物料在质量上的高度一致性，便于后续的贮藏管理与质量控制。此外，适当的包装策略对于植物性食品尤为重要，它不仅能够提供必要的物理保护，减少运输与贮藏过程中的机械损伤，还能有效抑制水分蒸发，维持食品的新鲜度与口感。包装材料的选择需兼顾透气性与防潮性，以平衡食品呼吸作用与水分保持的需求。

动物性食品物料的前处理则侧重于清洁度与加工便利性的提升。清洗步骤旨在彻底去除血污、体表污物及屠宰或捕获过程中可能引入的微生物污染，确保食品原料的卫生安全。对于大型动物性原料，如肉类或鱼类，适当的切分处理不仅便于后续的冷藏存储，还能提升加工效率与食用的便捷性。特别地，对于捕捞致死的鱼类，迅速进行清水冲洗或必要的去内脏处理，能够显著延缓其腐败进程，保持鱼肉的鲜美与营养价值。

在整个前处理流程中，确保物料的一致性与可追溯性同样至关重要。通过编号管理，可以清晰地追踪每一批次物料的来源、处理过程及贮藏状态，为食品安全管理与质量控制提供有力支持。此外，采用合适的（预）包装方案，不仅能够防止不同批次或种类食品之间的交叉感染，还能提升贮藏空间的利用效率，降低运营成本。

（二）食品冷却方法

在食品冷藏的初始阶段，迅速而有效的冷却方法对于抑制微生物繁殖、减缓酶促反应、保持食品原有品质及延长货架期具有至关重要的作用。

1. 强制空气冷却法

强制空气冷却法核心在于利用高速流动的空气作为热交换介质，通过强制对流的方式将食品表面的热量迅速带走，从而实现食品的快速降温。该方法具有设备简单、操作便捷、成本相对较低等优点，尤其适用于大规模食品生产线的快速冷却需求。

强制空气冷却法的效率与效果受到多种因素的影响，包括但不限于空气流速、温度差、食品形状与尺寸、包装方式及材料特性等。优化空气流速与

温度梯度可以显著提高冷却速率，减少冷却时间，但同时需考虑能耗与噪声控制等实际问题。此外，针对特定形状与材质的食品，设计合理的风道布局与气流分布，有助于实现更加均匀、高效的冷却效果，避免局部过热或过冷的现象发生。

2. 真空冷却法

真空冷却法是一种基于降低环境压力以促进食品内部水分蒸发从而带走热量的高效冷却技术。在真空状态下，食品表面的水分迅速汽化，吸收大量潜热，导致食品温度迅速下降。该方法具有冷却速度快、冷却均匀性好、对食品品质影响小等优点，尤其适用于对冷却速度要求极高的食品，如叶菜类蔬菜、海鲜等。

真空冷却法的效率与效果受到真空度、温度、湿度、食品种类与状态等多重因素的共同影响。高真空度能够加速水分蒸发，提高冷却速率，但同时也会增加设备能耗与运行成本。因此，在实际应用中，需要综合考虑冷却需求、能耗成本及食品安全等因素，选择适宜的真空度与操作条件。此外，对于不同种类的食品，其水分含量、组织结构及呼吸特性等差异也会影响真空冷却的效果，因此需根据具体情况进行个性化调整与优化。

3. 水冷却法

水冷却法是一种通过使用冷却水对食品进行降温的常见冷藏方法，广泛应用于食品加工和保鲜领域。具体而言，水冷却法是将经过净化处理的淡水或盐水（如海水）通过机械制冷设备进行冷却，或者采用机械制冷与冰制冷相结合的方式，使水温降至所需的冷却温度。冷却水在达到适当的低温后，通过浸泡或喷淋的方式应用于食品冷却。浸泡法是将食品完全浸没在冷却水中，利用水与食品的直接接触进行热量交换，迅速降低食品的温度。而喷淋法则是通过将冷却水以喷洒的方式覆盖食品表面，使水在食品表面流动，通过对流换热来带走食品表面的热量，从而实现冷却效果。

水冷却法的显著优点在于其能够快速、均匀地对食品进行冷却，特别适用于那些对温度敏感且易于变质的食品，如水果、蔬菜、海鲜等。此外，冷

却水的流动性使其能够均匀接触食品表面，从而有效避免冷却不均的问题。相比其他冷却方法，水冷却法在实际操作中不仅能够提高冷却效率，还能够保持食品的质地和营养成分的完整性，防止冷却过程中因温度变化导致的品质损失。这一冷却方法在食品工业中的广泛应用也得到了众多学者的认可。

4. 冰冷却法

冰冷却法是一种历史悠久的冷藏技术，其基本原理是利用冰在融化过程中吸收环境中的大量热量，进而降低食品及其周围温度，从而实现食品的冷却。这一方法在渔业、肉类加工以及其他对温度要求较高的食品保存领域中得到了广泛应用。冰冷却法的核心在于冰的融化过程。冰作为固态物质，其融化需要吸收相当数量的潜热，这种吸热作用使得环境温度迅速下降，进而导致食品温度的下降。因此，冰冷却法通过冰与食品的直接接触或将食品与冰混合储存，可以有效降低食品温度，延长其保质期。

冰冷却法的优势在于其操作简单、成本低廉。作为一种天然的制冷资源，冰不仅可方便获取，而且对食品无污染，不会对食品的味道、质地和营养成分产生不良影响。因此，冰冷却法在食品冷藏技术中仍然具有重要的应用价值。特别是在渔业领域，渔民常常利用冰冷却法在捕捞后立即对海产品进行初步保鲜，以保证其在运输和储存过程中的新鲜度。然而，冰冷却法也存在一定的局限性，主要体现在其冷却效率受限于冰的融化速度和冰资源的消耗量较大。在大规模食品加工过程中，使用大量的冰可能增加物流和存储的难度。

（三）食品冷藏中的变化

1. 水分蒸发

水分蒸发是食品冷藏过程中常见且重要的物理现象，也被称为干耗现象。在冷藏条件下，食品表面的水分在较低温度和相对湿度的环境中逐渐蒸发，从而导致食品重量的减少和品质的变化。对于不同类型的食品，水分蒸发的影响也各不相同，尤其是在果蔬和肉类食品的冷藏过程中表现得尤为明显。

对于果蔬类食品而言，水分蒸发对其新鲜度、外观和口感有显著影响。

果蔬的水分含量较高，冷藏过程中，随着水分的逐渐蒸发，果蔬的细胞结构会逐步发生变化，导致其失水、萎缩，最终影响果蔬的商品价值。此外，水分的蒸发通常还会抑制果蔬的呼吸作用。由于呼吸作用是果蔬新陈代谢的重要组成部分，呼吸的抑制直接影响其内部生理活动的正常进行。这种变化在短期内可能有助于延长果蔬的储存时间，但长期来看，会导致果蔬风味和营养成分的逐步流失，影响其食用品质。因此，如何在冷藏过程中有效控制水分蒸发已成为果蔬保鲜技术中的一个关键研究课题。

2. 成分变化

在果蔬的成熟过程中，内部成分经历显著的变化。大多数水果在成熟阶段，内部的糖分和果胶含量显著增加，伴随而来的是果实的质地变得愈加柔软且多汁，糖酸比也趋于合理化，从而提升了其整体口感。这一变化不仅影响了水果的风味特征，还可能对其营养价值产生积极影响。在冷藏过程中，一些果蔬的营养成分，尤其是维生素 C 等水溶性维生素，可能会因温度、湿度和存储时间的影响而发生损失。这一现象强调了在食品冷藏与存储环节中，适宜的温度和湿度条件对于维持营养成分的重要性。

与果蔬的变化相对，肉类和鱼类的成熟过程则主要是通过酶的作用导致自身组织的降解。此过程中，蛋白质及腺苷三磷酸（ATP）等生物大分子的分解会促进氨基酸含量的增加，这不仅使得肉质得以软化，而且在烹调后，肉类的风味也更为鲜美。这一现象源于氨基酸的增加使得风味物质的生成更为丰富，从而提升了肉类的感官特性和美味程度。

3. 变色、变味与变质

果蔬在其成熟过程中，色泽会发生显著变化，这一变化反映了植物内部成分的转化和代谢过程。具体而言，在成熟阶段，果蔬中的叶绿素和花青素含量通常会逐渐减少，这使得植物的绿色外观逐渐消退；而与此同时，胡萝卜素等其他色素的含量则会相应增加，赋予果蔬更加鲜艳的颜色。这种色彩变化不仅是成熟的指示性特征，且从感官上对消费者具有吸引力，从而影响其购买决策与消费体验。然而，冷藏条件下的色泽变化亦可能伴随果蔬品质

的下降，特别是当氧化反应发生时，果蔬的风味和营养成分可能受到损害。

对于肉类而言，冷藏过程中的变色现象同样显著。以红色肉类为例，经过一段时间的冷藏，肉类可能会由原本鲜亮的红色逐渐转变为褐色，而脂肪的颜色则可能由白色转变为黄色。这种颜色变化的原因与肉类内部的氧化反应及微生物活动密切相关。肉类中含有的肌红蛋白和血红蛋白在氧化作用下会转化为高铁肌红蛋白和高铁血红蛋白，从而导致肉类颜色的改变。此外，脂肪的颜色变化则主要是由于脂肪水解后生成的脂肪酸在后续的氧化过程中所引发的，这一变化不仅影响肉类的视觉感受，还可能导致风味和质感的劣化，最终影响消费者的接受度。

4. 微生物增殖

在食品冷藏过程中，物料中的微生物数量往往会出现显著增加，这一现象主要是由于微生物在适宜条件下的繁殖所致。特别是在对动物进行去皮、分割等操作后，剥夺了其表层的保护机制，使得动物组织对微生物的侵袭变得极为敏感。这一过程不仅限于动物肉类，植物组织亦主要受到霉菌等微生物的侵害，这些微生物的繁殖会对食品的质量产生显著影响。

具体来说，微生物的增殖不仅会导致食品表面出现黏湿现象，还可能引发霉变、腐烂等问题，这些变化会显著降低食品的感官品质和安全性。霉变的发生通常伴随有异味的产生，这不仅对消费者的食欲产生负面影响，还可能导致食品不适合继续消费，造成经济损失。此外，某些微生物的代谢产物甚至可能对人体健康造成潜在威胁，如产生毒素或引发食源性疾病。

5. 低温冷害与寒冷收缩

低温冷害是指在食品冷藏过程中，果蔬类产品受到低于其生理耐受温度的影响，导致其正常代谢活动受到显著干扰，进而引发一系列生理损伤和病变。具体表现为果蔬表面出现斑点，组织内发生褐变（如褐心现象），以及质地和口感的恶化。这种现象通常发生在温度低于特定作物的最适冷藏温度时，且不同种类的果蔬对低温的敏感性存在差异。因此，科学合理地控制冷藏温度对延长果蔬保鲜期和保持其营养价值具有重要意义。

与此相对应，寒冷收缩则主要发生在畜禽肉类的冷藏过程中。寒冷收缩是指在畜禽屠宰后尚未进入僵直阶段之前，因快速冷却而导致的肌肉收缩现象。该现象在牛肉和羊肉中尤为明显，而禽类肉的表现则相对较轻。寒冷收缩的严重程度受到冷却温度、冷却速度以及不同部位肌肉特性的共同影响。通常情况下，肉类表面部分更容易受到寒冷收缩的影响，而内部组织则相对较为稳定。然而，受寒冷收缩影响的肉类在后期成熟过程中难以恢复其原有的柔软度，导致肉质变硬，嫩度下降，进而影响消费者的食用体验及肉类的经济价值。因此，在冷藏肉类的过程中，合理调整冷却速度和温度是保证肉类产品质量的关键因素。

三、食品冻藏保鲜技术

食品冻藏是一种通过将食品冷冻后进行贮存的处理方法。在此过程中，食品中的大部分水分会转化为冰晶，从而显著降低游离水的含量，进而抑制微生物的生长。适宜的低温以及合适的冻结速率不仅有助于抑制微生物的活动，甚至可以导致其死亡。同时，低温条件也会显著降低酶的活性，因为酶在低温下失去了其必要的反应介质，导致其功能受到抑制。此外，脂肪的氧化和维生素的降解等不良反应在冻结状态下也会减缓发生。尽管冻藏能够有效延缓食品的腐败过程，但并不能完全阻止腐败的发生。

（一）食品冻藏前的物料处理

在食品冻藏技术体系中，物料处理作为前置关键步骤，对于确保食品品质、延长贮藏期及提升解冻后产品的感官与营养特性具有不可估量的价值。

第一，热烫处理。热烫处理，作为蔬菜类食品冻藏前的必要步骤，其核心在于通过高温（通常为沸水或蒸汽）短暂处理，使食品内部的酶活性迅速失活，从而有效防止后续贮藏过程中因酶促反应导致的品质劣变。此过程不仅保留了蔬菜的色泽、质地与风味，还通过去除部分表面微生物及残留农药，提升了食品的安全性。热烫后迅速沥干水分，避免了多余水分对冻结过程的

不利影响，确保了蔬菜在干爽状态下进入冻结，有利于减少解冻后的汁液流失。

第二，加糖处理。针对水果及部分蛋制品的加糖处理，是一种通过渗透作用减少食品内部自由水含量，进而抑制冰晶形成、延缓氧化反应的巧妙方法。糖分不仅作为溶质降低了食品的冻结点，还通过其高渗透压特性减少了食品与氧气的直接接触面积，有效抑制了氧化酶的活性及脂质过氧化反应。对于水果而言，渗糖处理还赋予了产品更佳的风味与口感；在蛋制品中，加糖则有助于维持蛋白质的天然结构，减少解冻后的蛋白质变性现象。此外，抗氧化剂的加入进一步增强了这一保护机制，延长了食品的货架期。

第三，加盐处理。对于水产品和肉类，加盐处理（盐腌）通过高盐环境抑制微生物的生长繁殖，减少了食品腐败的风险。同时，盐分的存在也减少了食品与氧气的接触，降低了氧化反应速率，有助于保持食品原有的色泽与风味。在海产品如鱼卵、海藻等的应用中，盐腌处理不仅保留了其独特的风味，还通过脱水作用增强了产品的质地稳定性。盐腌处理需精确控制盐分浓度，以避免对食品风味产生不利影响。

第四，浓缩处理。液态食品如乳、果汁等在冻藏前进行浓缩处理，旨在通过减少水分含量来降低冻结过程中冰晶的形成量，从而减轻对胶体物质（如蛋白质、果胶等）的破坏作用。浓缩后的食品在冻结时产生的冰晶体积更小、数量更少，有助于维持胶体结构的稳定性，减少解冻后产品的分层、沉淀等现象。此外，浓缩处理还提高了食品的营养密度，增强了其市场竞争力。

第五，加抗氧化剂处理。针对易氧化水产品如虾、蟹等，加抗氧化剂处理成为了一种有效的品质保护手段。通过添加水溶性或脂溶性抗氧化剂，可以显著减少食品中酪氨酸等水溶性物质及脂质的氧化，延缓产品变色、变味等劣变现象的发生。抗氧化剂的选择需基于食品的具体成分及贮藏条件，以确保其最佳效果。

第六，冰衣处理。冰衣处理通过在食品表面形成一层冰膜，构建了一道物理屏障，有效减少了食品与外界环境的直接接触，降低了氧化、水分蒸发

及微生物污染的风险。增稠物质的加入不仅提高了冰衣的附着性和完整性，还赋予了其额外的功能特性，如抗氧化、防腐等。这种处理方式在提升食品贮藏稳定性的同时，也优化了产品的外观与触感。

第七，包装处理。包装处理作为食品冻藏前的最后一道防线，其重要性不言而喻。采用不透气的包装材料，如铝箔复合膜、真空袋等，能够最大限度地隔绝氧气、水分及微生物的侵入，为食品创造一个稳定、安全的贮藏环境。此外，包装材料的选择还需考虑其透气性、透光性等因素，以确保食品在贮藏期间能够保持最佳的品质状态。

（二）食品冻结与冻藏工艺

1. 冻结速率的选择

冻结速率的选择在食品冻藏工艺中起着至关重要的作用。速冻与缓冻的区别不仅体现在工艺操作上，更直接关系到食品的品质与安全性。速冻食品因其较高的冻结速率，形成的冰晶细小而均匀，较少破坏食品的组织结构，从而保持了食品的原有质地与风味。与此同时，速冻缩短了冻结时间，减少了溶质扩散和水分析出的时间，避免了冰晶内水分分离形成纯冰的现象，从而保护了食品的营养成分不被损害。

速冻的另一个关键优势在于，它能够迅速将食品物料的温度降至微生物无法生长的水平，从而减少微生物对食品可能产生的不良影响，显著延长食品的保质期。快速冻结还可以减少食品在冻结过程中的化学反应，使食品内部的胶体、成分和组织间的接触时间大幅缩短，降低了因溶质浓缩带来的品质劣变问题。

尽管速冻被认为能提供更优质的食品冻藏效果，但关于"速冻"速率的具体界定仍无统一标准，通常根据食品的类型和设备的特性进行划分。速冻速率受多种因素影响，包括冻结方法、食品物料的种类、大小及其包装情况等。一般情况下，速冻被定义为将食品物料从常温迅速降至中心温度低于 $-18\,℃$，例如，果蔬类食品应在30分钟内完成冻结，肉类则要求在6小时内

完成冻结。

2. 冻藏的温度与冻藏的时间

冻藏作为一种高效且广泛应用的手段，其温度与时间的控制策略对于维持食品品质、延长保质期及优化经济成本具有至关重要的意义。

（1）冻藏温度的选择与优化。冻藏温度的选择是一个多维度权衡的过程，其核心在于平衡食品品质保护与经济成本投入之间的关系。从微生物学角度来看，将食品温度降至 $-10\ ℃$ 以下能有效抑制绝大多数微生物的生长与繁殖，这是确保食品安全性的基本前提。然而，对于酶促反应的抑制，则需将温度进一步降低至 $-18\ ℃$ 以下，以减缓食品内部生化反应的速率，从而保持食品的营养成分、色泽、风味及质地。因此，$-12\ ℃$ 常被视为食品冻藏的安全温度阈值，而 $-18\ ℃$ 及更低温度则能提供更高级别的品质保障。

在全球食品工业实践中，基于经济性与食品品质的综合考量，$-18\ ℃$ 已成为大多数食品冻藏的标准温度。然而，对于某些特殊食品，如海鲜、肉类等高价值产品，为追求更佳的品质保持效果，往往会采用更低的冻藏温度。随着温度的进一步降低，虽然能显著提升食品品质保持能力，但相应的能耗与设备成本也会显著增加，这要求企业在制定冻藏策略时需进行精细的成本效益分析。

（2）温度波动的管理与控制。冻藏过程中，温度波动是一个不可忽视的问题。制冷设备的非连续运行、冷库进出货物的频繁操作等因素均可能导致库内温度发生波动。这种波动不仅会影响食品的物理状态（如冰晶重结晶现象），还可能加速食品品质的劣化过程。因此，采取有效措施减少温度波动对于保障冻藏食品质量至关重要。一方面，应提升冷库温度控制系统的精度与响应速度，确保系统能够迅速感知并调整温度偏差。另一方面，通过设计合理的冷库布局与操作流程，如设置缓冲间、限制单次进出货量等，也能有效减少外界因素对库内温度的影响。此外，定期对冷库进行维护与检查，确保制冷设备的正常运行与高效能耗，同样是管理温度波动的重要措施之一。

（3）冻藏时间与食品品质耐藏性的关系。冻藏食品的贮藏期受多种因素

影响，其中食品种类与冻藏温度是最为关键的两个变量。不同种类的食品因其成分、结构及初始微生物污染水平的差异，对贮藏时间的耐受性各不相同。同时，冻藏温度的高低也直接决定了食品品质的保持能力。一般而言，温度越低，食品品质保持的时间越长。然而，在实际应用中，冻藏食品往往需要在生产、运输、贮藏及销售等多个环节组成的冷链体系中流转。这些环节中的温度条件可能各不相同，因此需综合考虑各环节对食品品质的影响来确定最终的贮藏期限。TTT 概念[①]的提出为此提供了有力的理论支持与实践指导。通过量化时间、温度与品质耐藏性之间的关系，TTT 模型（时间—温度—品质关系模型）能够帮助企业精准评估食品在冷链各环节中的品质变化情况，并据此制定科学合理的贮藏与运输策略。

（三）食品冻结的主要方法

食品冻结的方法与介质、介质和食品物料的接触方式以及冻结设备的类型有关，一般按冷冻所用的介质及其和食品物料的接触方式分为空气冻结法、间接接触冻结法和直接接触冻结法。

1. 空气冻结法

在食品保鲜与加工领域，空气冻结法作为一种广泛应用的低温处理技术，其独特优势在于利用低温空气作为传热介质，通过直接或间接接触食品物料，实现其内部水分的快速或缓慢冻结，从而有效延长食品的保质期并维持其营养与感官品质。

（1）静止空气冻结法。静止空气冻结法，作为唯一一种典型的缓慢冻结方法，其核心在于构建一个绝热的低温环境，使食品物料在接近自然对流的状态下逐渐降温至冰点以下。该方法的操作环境通常设定在 $-40 \sim -18$ ℃的低温冻结室内，通过减少外界热交换，确保食品物料在较长时间内（3 小时至 3 天不等）均匀且缓慢地冻结。这种冻结方式的优势在于能够最大限度地减少

---

① TTT 概念是指食品在生产、储藏和流通各个环节中受时间（Time）、温度（Temperature）和对其品质容许限度（Tolerance）的影响。

食品内部因快速降温而产生的冰晶体积，从而减轻对食品细胞结构的破坏，保持食品的质地与风味。然而，其较长的冻结时间也限制了其在高效生产线上的应用，更适用于对品质要求极高、批量相对较小的食品，如高档牛肉、猪肉半胴体、箱装家禽及大型包装的水果与蛋品等。

（2）鼓风冻结法。鼓风冻结法作为空气冻结法的另一重要分支，通过引入强制对流机制，显著提升了冷冻效率与灵活性。该方法利用鼓风机产生的高速低温气流（流速可达 $10\sim15$ m/s），直接冲击并穿透食品物料表面，实现热量的快速交换与传递。冻结室内温度通常设定在 $-46\sim-29$ ℃之间，以确保足够的制冷能力。鼓风冻结法不仅适用于分批处理的房间式冻结，还通过隧道式冻结系统实现了连续化生产，极大地提高了生产效率与产能。

在隧道式冻结中，无论是采用小推车还是输送带，均能实现食品物料的快速且均匀地冻结。特别是输送带隧道冻结，结合螺旋设计与通气小孔的创新应用，进一步增强了空气与食品物料的接触效率，使得颗粒状散装食品如豆类蔬菜、小块果蔬等能够实现单体快速冻结，冻结时间缩短至几分钟内，有效保留了食品的新鲜度与营养价值。此外，鼓风冻结法中的顺流与逆流设计，为不同形状、大小及热特性的食品提供了灵活的冻结策略，确保了冻结过程的高效与可控。

2. 间接接触冻结法

（1）板式冻结法。板式冻结法是通过金属板作为传热媒介，利用制冷剂或低温介质对金属板进行冷却，进而通过热传导的方式将冷量传递给与之紧密接触的食品物料，实现食品的冻结。这一过程中，金属板作为热桥，有效缩短了冷量传递的路径，提高了冻结效率。其传热效率直接受金属板与食品物料接触状态的影响，包括接触面积、接触压力及接触界面的热阻等因素。

板式冻结法不仅适用于包装食品物料，也适用于未包装食品，展现了其广泛的适用性。对于外形规整、包装紧凑的食品，如小型立方体型包装的食品物料，多板式速冻设备能够确保食品物料被紧紧夹在金属板之间，实现高效、均匀的冻结。此外，该法还可用于生产机制冰块，进一步拓宽了其应用领域。

冻结时间作为衡量冻结效率的重要指标，受多种因素影响，包括制冷剂温度、包装大小、接触紧密程度及食品物料种类等。在适宜的条件下，厚度为 3.8～5.0 cm 的包装食品物料通常能在 1～2 小时内完成冻结，体现了板式冻结法的高效性。

板式冻结装置的设计灵活多样，既有间歇式也有连续式，金属板可水平放置也可垂直放置，以满足不同食品物料的冻结需求。水平放置的装置适用于快速冻结分割肉、肉制品、鱼片、虾及小包装食品，而垂直放置的装置则更适用于无包装的块状食品物料，如整鱼、去骨肉等，同时节省了存储空间。此外，回转式或钢带式装置通过连续操作减少了物料损耗，进一步提升了生产效率。

尽管板式冻结法具有诸多优势，但在实际应用中仍面临一些挑战。例如，如何进一步优化金属板与食品物料的接触状态，以减少热阻，提高传热效率；如何针对不同食品物料的特性，调整冻结工艺参数，以实现最佳冻结效果；以及如何在保证冻结效率的同时，降低能耗，提高设备运行的经济性等。

（2）钢带式冻结法。钢带式冻结法以其连续生产、高效传热的特点，在食品冷冻加工领域占据了一席之地。该方法的核心在于采用高强度、高导热性能的钢制输送带作为传热媒介，通过循环运行于冷却系统中的方式，保持输送带的低温状态。当食品物料被均匀放置在钢带上时，它们能够迅速通过热传导的方式从钢带吸收冷量，从而实现快速且均匀的冻结。这种连续生产的方式不仅大大提高了生产效率，还确保了产品质量的稳定性和一致性。此外，钢带式冻结设备通常配备有先进的自动化控制系统，能够精确控制温度、速度等关键参数，进一步提升了产品的冻结效果和品质。

（3）回转式冻结法。回转式冻结法则通过旋转的金属筒体实现了食品物料的动态传热。在筒体内，食品物料随着筒体的旋转而不断翻动，这种动态过程确保了食品物料与冷壁的均匀接触，从而实现了更加高效的热量传递。相比传统的静态冻结方式，回转式冻结法能够显著改善食品物料的冻结均匀性，减少解冻后出现的汁液流失和质地变化。此外，该方法还具有较强的适

应性，能够处理多种形状和规格的食品物料。无论是块状、片状还是条状食品，都能在回转式冻结设备中得到良好的处理效果。同时，回转式冻结设备的清洁和维护也相对容易，为生产过程的卫生和安全提供了有力保障。

3. 直接接触冻结法

直接接触冻结法的核心在于通过载冷剂或制冷剂与食品物料的直接物理接触，实现热量的迅速传递与移除，从而达到快速冻结的目的。这一方法不仅适用于包装完好的食品，也能有效处理未包装的食材，展现了其广泛的适用性与灵活性。

直接接触冻结法的基本原理在于利用温度远低于食品物料冰点的载冷剂或制冷剂，通过喷淋、浸泡或直接接触的方式，使食品表面及内部迅速降温至冻结点以下，形成冰晶，从而有效抑制微生物繁殖，减缓酶促反应，保持食品的营养成分、色泽、风味及质地。此过程中，高效的热传递机制是关键，它决定了冻结速度与质量。

在直接接触冻结法中，载冷剂的选择至关重要。理想的载冷剂应具备无毒、无害、无异味、无色泽干扰、化学性质稳定、不易燃易爆等特性，以确保食品的安全性与品质不受影响。盐水（如 $NaCl$ 或 $CaCl_2$ 溶液）作为传统载冷剂，通过调整其浓度可有效降低冻结点，但需注意其对金属设备的腐蚀性。糖液，尤其是高浓度的蔗糖溶液，虽能用于水果等特定食品的冻结，但高黏度限制了其传热效率，需权衡使用。此外，多元醇—水混合物如丙三醇或丙二醇的混合物，虽在某些特定应用中展现出优势，但其对食品风味的潜在影响限制了其在未包装食品上的广泛应用。

液态氮、液态二氧化碳及液态氟利昂等制冷剂的应用，将直接接触冻结法推向了低温冻结的新高度。这些制冷剂因其极低的温度，能够实现食品物料的超快速冻结，极大缩短了冻结时间，减少了解冻后食品质量的损失，如汁液流失和营养损失。然而，高效能背后也伴随着挑战：初期投资成本高，设备复杂，且液态氟利昂等制冷剂对环境的潜在影响不容忽视，要求在使用过程中严格遵守环保法规，采取必要的防泄漏与回收措施。

直接接触冻结法以其高效的传热效率、快速的冻结速度及良好的食品品质保持能力，在食品加工行业中具有显著的技术优势，它不仅适用于果蔬、肉类、水产品等多种食品的快速冻结，还能有效应对大规模生产的需求，提升生产效率和产品质量。随着科技的进步与环保意识的增强，未来直接接触冻结法将更加注重载冷剂与制冷剂的环保性、安全性及经济性，推动其在食品保鲜领域的广泛应用与持续发展。

（四）食品在冻藏冻结中的变化

1. 食品在冻藏过程中的变化

食品在冻藏过程中的变化主要与温度的剧烈波动和长时间存储有关。冷冻保存技术虽然能够有效抑制微生物的繁殖，延长食品的保质期，但其过程中，食品的物理和化学性质仍会发生显著变化。这些变化不仅影响食品的感官品质，还会降低其营养价值和安全性。

（1）重结晶。在食品的冻藏过程中，重结晶现象常见于食品的冰晶结构变化中。冻结过程中形成的冰晶，在温度波动或者存储时间延长的情况下，会发生重新排列和聚集，即所谓的重结晶。重结晶导致原有的小冰晶逐渐融合成大冰晶，这种现象会破坏食品的细胞结构，特别是含水量较高的食品，如水果和蔬菜。细胞结构破坏后，食品的质地会变得松散、干涩，并且在解冻过程中容易失水，导致口感和外观的劣化。此外，重结晶还可能影响某些食品中的风味成分释放，造成风味损失。

（2）冻干害。冻干害，又称冻烧干缩，指的是由于冻藏过程中食品表面水分的升华作用而导致的脱水现象。这种现象通常发生在食品的表面，形成多孔干化层，使得水分减少 10%～15%。冻干害直接影响食品的表观品质，导致表面出现氧化、变色、变味等问题。特别是在高脂肪或高蛋白质食品中，冻干害更容易发生，进而加速食品氧化或变质。随着食品水分的逐渐丧失，营养成分的损失也随之增加。冻干害不仅影响食品的感官品质，还可能使食品的保存时间缩短，增加了其腐败的可能性。

（3）脂类的氧化和降解。脂类是冻藏食品中容易发生氧化和降解的主要成分之一。即使在低温条件下，脂类的自动氧化反应仍会持续发生。这一过程的主要结果是生成过氧化物，进而分解为醛类、酮类等小分子物质，导致食品产生油腻味，甚至出现令人不悦的异味。特别是在含有不饱和脂肪酸较多的食品中，脂肪的氧化速率会加快，影响食品的风味和营养价值。同时，脂类的氧化还会引发维生素、色素等食品成分的降解，进一步降低食品的营养和保健功能。为了抑制脂类氧化，冻藏过程中应尽量避免食品暴露在氧气和光照下，并控制好冷冻温度。

（4）蛋白质溶解性下降。蛋白质是食品中另一类容易受到冻藏影响的成分。在低温环境下，冻结浓缩效应使得食品中的水分大部分转变为冰晶，剩余的液态水分子与蛋白质等大分子物质的相互作用减弱，从而引起大分子胶体的不稳定。蛋白质分子在这种条件下容易发生凝聚，形成更大尺寸的分子聚集体，溶解性因此下降。随着储存时间的延长，蛋白质分子还可能出现絮凝、沉淀甚至变性，进一步导致食品质构变差，影响食用品质。特别是在鱼类、肉类等高蛋白食品中，蛋白质的降解可能引起质地的变硬、咀嚼感变差以及营养价值的显著下降。为避免这一现象的加剧，可以采用更为稳定的冷冻技术，如速冻法，减少蛋白质凝聚的风险。

（5）其他变化。除上述主要变化外，食品在冻藏过程中还会经历一系列其他物理和化学变化。首先，食品的 pH 可能随着冻藏时间的延长而逐渐下降，这通常是由于微生物残留物或化学反应生成的酸性物质所致。pH 的变化会影响食品的风味、颜色及质地，特别是在果蔬类食品中，酸度的增加会导致其颜色变暗，影响消费者的购买意愿。其次，食品的色泽变化也是冻藏过程中的一大问题，特别是对于含有天然色素的食品如肉类和蔬菜，色素在低温条件下可能发生氧化或分解，从而导致褐色或变色现象。此外，食品中的风味物质在冻藏过程中容易受到温度波动和氧化的影响，逐渐挥发或降解，导致风味减弱或变异。最后，营养成分的损失也是冻藏食品的一个不可忽视的问题，尤其是维生素、矿物质等易受温度影响的微量元素，其损失量随存

储时间增加而增多，可能导致食品的营养价值明显下降。

2. 食品在冻结过程中的变化

在食品的冻结过程中，食品物料会发生一系列物理和化学变化。这些变化不仅影响食品的质量，还对其口感、营养成分以及贮存期限产生显著影响。

（1）体积的变化。食品物料在冻结过程中通常会发生一定程度的体积膨胀。这主要是由于食品中的水分在冻结过程中转变为冰的密度低于水的密度所致。水在 0 ℃结冰时，体积会膨胀约 9%。因此，含水量较高的食品在冻结后体积也会随之增大。然而，与纯水相比，食品物料的膨胀程度相对较小。这是由于食品内部的复杂结构，如细胞壁和其他固体成分，在一定程度上抑制了冰晶膨胀所引发的体积变化。此外，食品中的溶质（如盐类、糖类等）在冻结时会降低冰点，导致部分水分无法结冰，进一步限制了体积的膨胀。这种体积变化与食品的质构、外观及后续解冻时的质量损失密切相关。

（2）水分的分布。冻结过程中，水分的重新分布是另一个重要变化。食品中的水分在冻结时逐渐形成冰晶，而冰晶的形成会对食品内部的水分平衡造成影响。快速冻结可以使食品中的水分迅速形成细小、均匀的冰晶，减少水分的迁移和重新分布，从而保持食品的质地和营养价值。相反，在缓慢冻结的条件下，冰晶的生长速度较慢，冰晶颗粒较大。这种较大的冰晶往往会破坏食品的细胞结构，使得水分从细胞内迁移到细胞间隙，从而导致水分的重新分布。这种现象尤其在含有较高水分的水果、蔬菜和肉类中表现得尤为明显。水分的重新分布不仅影响食品的质地，还可能在解冻过程中导致汁液流失，降低食品的感官品质。

（3）机械损伤。机械损伤是食品冻结过程中常见的现象，主要与冰晶的形成、体积变化以及温度梯度引发的机械应力相关。在冻结过程中，食品物料的温度会从外向内逐渐降低，形成一定的温度梯度。外层的食品由于首先达到冰点，迅速结冰并膨胀，而内部的温度较高，还未完全冻结。因此，外部冻结层产生的体积膨胀会对内部尚未冻结的部分施加机械应力。这种应力随着冻结的深入而增加，最终可能导致食品内部结构的破坏。此外，大颗粒

的冰晶在形成过程中会刺破细胞膜和细胞壁，进一步加剧机械损伤的发生。尤其是在缓慢冻结时，冰晶颗粒较大，对食品的物理结构破坏更加严重。机械损伤的发生不仅影响食品的外观和质地，还会在解冻时导致细胞液的外溢，使得食品的营养成分流失。

（4）非水相组分被浓缩。在食品冻结过程中，除了体积变化和机械损伤等因素外，非水相组分的浓缩现象也是一个关键的物理化学变化。随着水分逐渐转变为冰晶，食品中原本溶解于水中的溶质，包括盐类、糖类、蛋白质和其他微量元素，无法被冰晶包裹，因而会转移到尚未冻结的水分中。这一过程导致非水相物质的浓度显著增加，形成溶质的浓缩现象。该浓缩现象的程度主要受两个因素的影响：冻结速率和冻结终温。当冻结速率较快时，水分迅速结晶，未冻结的水分较少，溶质的迁移受到限制，浓缩程度相对较低。反之，在缓慢冻结条件下，由于冰晶形成较慢，更多的溶质有时间向未冻结的水分中迁移，导致浓缩程度增加。此外，冻结终温也影响浓缩程度。随着温度持续下降至冰盐共晶点，剩余溶液中的水分会越来越少，溶质的浓度进一步升高。这种现象不仅影响食品的物理和化学特性，还可能对食品的风味、质构和稳定性产生深远影响。例如，盐分的过度浓缩可能导致食品口感发生变化，而一些不稳定的化合物在高浓度条件下容易发生降解，进而影响食品的营养价值和保质期。

（五）食品冻藏后的解冻工作

1. 解冻过程

食品解冻过程在于通过外部热量的有效传递，促使食品内部冰晶逐步融化并重新整合至其组织基质中。这一过程不仅是物理状态转变的简单体现，更是对食品品质、营养保持及安全性的深刻影响。解冻的精细调控，直接关系到解冻后食品的质量优劣与市场接受度。

解冻过程可细化为三个阶段，每一阶段均伴随着不同的物理与化学变化。初级阶段，即自冻藏温度回升至 $-5\ ^\circ\text{C}$，此期间食品外层冰晶开始融化，形成

初始的液态水层，为后续的热量传递提供了更为高效的介质。随后进入的"有效温度解冻带"，即 $-5 \sim -1\ ℃$ 区间，是解冻过程中的关键时期。此阶段内，冰晶融化速率加快，伴随着细胞内压的急剧上升，若控制不当，极易导致细胞壁破裂，从而加剧汁液流失与营养成分的散失。而最后阶段，从 $-1\ ℃$ 缓慢升至预定的解冻终温，则是确保食品内部完全解冻且尽量减少品质损失的关键步骤。

解冻过程中，食品微观结构的变化尤为复杂。细胞结构的受损在解冻时因热胀冷缩效应而加剧，细胞内压升高促使水分及可溶性成分向细胞间隙迁移，形成所谓的"汁液流失"。这一现象不仅直接导致食品重量的减少，更因流失液中富含的蛋白质、矿物质、维生素等营养成分，使得食品的风味与营养价值大打折扣。此外，解冻过程中微生物与酶的活性恢复，加之氧化速率的提升与水分蒸发的加剧，进一步威胁着食品的安全性与感官品质。

因此，科学合理地控制解冻条件，如采用适宜的解冻温度、湿度及时间，以及采用先进的解冻技术如真空解冻、微波解冻等，对于最小化解冻过程中的品质损失至关重要。同时，对解冻后食品的汁液流失率进行精准监测与评估，已成为衡量冷冻食品解冻效果与最终质量的关键指标之一。

2. 外部加热解冻法

外部加热解冻法，作为食品解冻技术的重要组成部分，凭借其多样化的实施策略与高效的传热效率，在食品工业中占据了举足轻重的地位。

（1）空气解冻法。空气解冻法是利用调控后的空气环境作为热传递媒介。通过精确设定空气的温度、相对湿度、风速及风向参数，该方法能够实现对不同畜胴体及其他大型食品解冻需求的灵活响应。在高湿空气解冻模式下，空气湿度提升至接近饱和状态，有效减缓了食品表面水分的蒸发，同时加速了冰晶的融化过程，显著提升了解冻后食品的质量保持性。然而，此过程中需密切关注冷凝现象，防止多余水分在食品表面积聚，进而影响解冻效果及后续处理流程。

（2）水或盐水解冻法。相较于空气解冻法，水或盐水解冻法凭借其卓越

的传热性能，显著缩短了解冻时间，提高了生产效率。静水解冻、流水浸泡解冻及喷淋解冻等多种方式，为不同形状、大小的食品提供了灵活的解冻选择。尽管水或盐水直接接触食品能加速解冻并赋予表面水分，但也需警惕可溶性物质的流失及微生物污染的风险。通过精确控制水或盐水的温度与浓度，可以在一定程度上平衡解冻效率与食品品质保护之间的关系。特别地，盐水解冻在海产品中的应用，不仅加速了解冻过程，还通过适度脱水效应维护了产品的组织结构完整性。此外，加碎冰低温缓慢解冻策略，为高温环境下的大型鱼类解冻提供了有效的解决方案，有效遏制了微生物的过度繁殖。

（3）接触解冻法。接触解冻法的设计理念类似于平板冻结器的反向操作。通过将食品置于两块加热板之间，利用内部通风流动的热空气作为热源，实现了热量的直接且高效传递。该方法不仅解冻速率快、时间短，还因其对食品外形的适应性，特别适用于规整形状的食品物料。然而，接触解冻过程需确保食品与加热板之间的良好接触，以及加热板温度的均匀分布，以避免局部过热导致的品质损害。此外，对于易碎或敏感食材，还需考虑在解冻过程中采取适当的保护措施，以维护其原有风味与质地。

3. 内部加热解冻法

内部加热解冻法，作为现代食品解冻技术的前沿探索，通过直接作用于食品内部，实现了热量生成与解冻过程的同步进行，极大地提高了解冻效率与品质保持能力。

（1）低频电流加热解冻，又称欧姆加热解冻，依托于食品自身电阻特性，通过施加 50～60 Hz 的低频交流电，使电流在食品内部流动并产生电阻热，从而实现由内而外均匀解冻。此方法特别适用于畜胴体等大型、厚实的食品解冻，其优势在于解冻过程中温度梯度小，避免了传统外部加热法可能导致的解冻不均问题。然而，该方法对食品的物理特性有一定要求，如表面平整度与内部成分均匀性，以确保电流分布的均匀性，防止局部过热与接触不良现象的发生。

（2）高频电流加热解冻。利用 1～50 MHz 范围内的高频电场，通过介质

分子的极化与高频电磁场的相互作用产生摩擦热，从而迅速提升食品内部温度，实现快速解冻。相较于低频电流，高频电流加热解冻具有更快的解冻速度与更深的加热深度，且能有效避免表面局部过热现象。随着食品温度上升，介电常数的变化可自动调控解冻进程，实现解冻终点的精准控制。然而，高频设备的成本与操作复杂度相对较高，限制了其在大规模生产中的普及。

（3）微波解冻。作为电磁波加热技术的代表，微波解冻利用 1 mm～2.54 cm 波长的微波能量激发食品内部极性分子的振动与摩擦，产生热量并促使冰晶融化。该方法以其速度快、污染少、营养损失小等优势，在食品解冻领域展现出巨大潜力。然而，微波加热的非均匀性，尤其是初期冰晶对微波的低吸收率，可能导致食品表面局部过热甚至烧焦，成为其应用中的一大挑战。因此，微波解冻通常需结合其他技术手段，以实现更加均匀的解冻效果。

（4）高压解冻。高压解冻，作为一种创新的解冻方法，通过施加高压环境促使冰晶部分释放潜热并迅速融化，无须外部热源即可实现快速解冻。此过程中，高压不仅加速了冰的融化速度，还增强了食品的导热性能，进一步缩短了解冻时间。同时，高压环境还具有一定的杀菌效果，有助于提升解冻后食品的安全性与品质。高压解冻以其独特的优势，为食品解冻技术开辟了新的研究方向，但其高昂的设备成本与复杂的操作要求，仍需在未来发展中不断优化与完善。

第三节　食品生物贮藏保鲜技术

一、生物技术方法

生物技术，这一术语在学术界广泛采用，并常与生物工程互换使用，它代表了一个高度综合且不断发展的技术体系，其核心在于巧妙地运用生物有机体（涵盖从微生物到复杂多细胞生物体的广泛范围）及其分子、细胞、组织乃至整个生物系统的特性与功能，以创造出具有经济价值、社会意义或环

境友好特性的新产品、新工艺乃至新服务。

从科学原理层面来看，生物技术深深植根于生物学、化学、工程学、信息学等多学科的交叉融合之中。它不仅是对自然现象的简单模仿或复制，更是通过理性设计与精准操控，实现对生物体遗传信息、代谢途径、细胞行为乃至生态系统功能的深刻理解和定向改造。这一过程中，基因编辑、合成生物学、蛋白质工程等前沿技术的不断涌现，为生物技术的创新与发展提供了强大的驱动力。

生物技术作为现代生命科学研究的核心驱动力，其方法体系之丰富与精密，为揭示生命奥秘、促进医学进步及推动产业发展提供了坚实的基础。具体方法如下：

第一，DNA 嵌合体的构建是基因工程策略中的一项关键核心技术。该过程涉及将来自不同生物体或同一生物体不同区域的 DNA 片段，通过人工手段精确拼接，形成具有预期遗传特性的新型 DNA 分子。这一技术的实现，不仅依赖于对 DNA 结构与功能深刻理解的积累，还依赖于分子生物学工具的持续创新，如限制性核酸内切酶、DNA 连接酶等的应用。DNA 嵌合体的成功构建，为基因转移、基因表达调控，以及创造具有特定功能或改良性状的生物体开辟了新途径，是基因工程实现其目标产品（如转基因作物、基因治疗载体）的基石。

第二，核酸印迹技术，作为一类经典且功能强大的分子生物学分析方法，涵盖了 Southern 印迹（针对 DNA 分子）、Northern 印迹（用于检测 RNA 表达水平）及 Western 印迹（虽名为印迹，实则是一种蛋白质检测技术，但常在此类讨论中提及以全面覆盖核酸与蛋白质分析技术）。这些技术通过特定的分离、转移与检测步骤，能够高灵敏度、高特异性地分析生物样品中的核酸或蛋白质种类、含量及修饰状态。例如，Southern 印迹利用 DNA 的变性、复性及杂交原理，可实现对特定 DNA 序列的定性与定量分析；Northern 印迹则通过 RNA 的分离与杂交，揭示基因在不同组织或条件下的表达模式；而 Western 印迹则利用抗体—抗原特异性结合的原理，检测蛋白质的存在、相对丰度。

这些技术共同构成了解析生物体内遗传信息与表达调控机制的重要工具集。

第三，聚合酶链式反应（PCR）技术的出现，无疑是分子生物学领域的一场革命。PCR 技术利用 DNA 聚合酶在体外模拟自然条件下的 DNA 复制过程，通过设计特定的寡核苷酸引物，能够在短时间内实现目标 DNA 片段的指数级扩增。这一过程不仅极大地提高了检测灵敏度，还使得对微量 DNA 样本的分析成为可能，极大地促进了基因诊断、遗传病筛查、法医鉴定及古生物学研究等领域的发展。此外，PCR 技术的不断改进与衍生，如实时荧光定量PCR（qPCR）、巢式 PCR 等，进一步拓宽了其应用范围，提升了分析的精度与效率。

二、基因工程及其应用

食品安全是当前社会关注的热点，而食品保鲜技术是确保食品品质与安全不可或缺的关键手段之一[①]。

（一）基因工程技术

基因工程的核心流程是通过重组 DNA 技术，在体外运用人工手段进行基因的"剪切"和"重组"，以对生物的遗传物质进行修改和优化。随后，将这些经过调整的基因引入受体细胞中，利用无性繁殖的方式，使其在细胞内得以表达，从而生成符合人类需求的基因产物。基因工程包括以下关键技术：

1. 基因克隆技术

基因克隆技术是基因工程中的基础技术，旨在通过特定的载体将目标基因插入宿主细胞，并利用宿主细胞的复制机制，使该基因在细胞内大量复制和扩增。这项技术通常依赖于质粒、噬菌体或其他载体系统，将目标 DNA 与载体分子连接，然后将它们导入宿主细胞，如大肠杆菌、酵母等。这一过程

---

① 李杰.浅析食品保鲜技术研究进展［J］.现代食品，2023，29（20）：148-150.

通常包括四个步骤：基因分离、载体选择、重组 DNA 分子构建以及宿主细胞转化。通过这一过程，研究者可以产生大量的基因拷贝，不仅用于基因功能分析，还可用于大量表达某种蛋白质。这为药物开发、生物医学研究以及农业上的基因改良提供了基础平台。例如，重组人胰岛素的生产依赖于基因克隆技术，将人类胰岛素基因插入大肠杆菌细胞内，实现高效的大规模生产。

2. 基因编辑技术

基因编辑技术近年来迅速发展，成为基因工程中最具前景的技术之一。它能够在目标 DNA 序列上进行精确地插入、删除、修改或替换，以实现对特定基因的功能改造。CRISPR-Cas9 系统是目前应用最广泛的基因编辑工具，它通过 RNA 引导的 Cas9 蛋白识别特定的 DNA 序列，并在该位点进行双链断裂，从而实现精准的基因改造。这种技术具有高效、简便、灵活的特点，不仅能在模型生物中用于基因功能研究，还在医学领域表现出巨大的应用潜力，如治疗遗传性疾病（如镰状细胞贫血、肌肉萎缩症）以及癌症免疫疗法中。除此之外，其他基因编辑技术，如 TALENs（转录激活因子样效应物核酸酶）和 ZFN（锌指核酸酶），尽管它们的操作复杂度较高，但也在特定应用场景下具有优势。

3. 基因转移技术

基因转移技术通过将外源基因导入受体细胞，使其在细胞内稳定存在并表达。这一过程通常分为两大类：物理转移法与生物转移法。物理转移法包括电穿孔法、微注射法和基因枪，这些方法通过外力作用使受体细胞的细胞膜瞬间产生孔洞，使外源 DNA 得以进入细胞内部。生物转移法则通过病毒载体（如腺病毒、逆转录病毒等）进行基因导入，病毒载体能够有效感染细胞并将携带的基因整合到宿主基因组中，确保基因的稳定表达。基因转移技术广泛应用于基因治疗，例如通过将功能性基因导入缺陷细胞来纠正遗传病变。还在农业中用于开发抗病、抗虫或抗旱的转基因作物，为全球粮食安全作出贡献。

4. 基因表达调控技术

在基因工程中，成功的基因表达并不意味着简单地将外源基因引入受体细胞中，还需要控制其表达水平和时间。基因表达调控技术通过操控启动子、增强子、沉默子等基因调控元件，精确控制目标基因的表达。启动子选择是关键环节，不同的启动子能够影响基因在不同组织或不同发育阶段的表达活性。例如，常用的强启动子（如 CMV 启动子）可实现基因在所有细胞中的高效表达，而组织特异性启动子能够使基因仅在特定细胞类型中发挥作用。此外，诱导性表达系统允许研究者通过外部信号（如温度、光、化学物质等）控制基因的开启或关闭。这类技术在生物药物生产中尤为重要，能够根据需求调控目标蛋白的产生，避免无关或过量表达对细胞产生的毒性作用。

5. 基因检测技术

基因检测技术用于验证外源基因是否成功导入并在受体细胞中正确表达。这包括 PCR（聚合酶链式反应）、qPCR（实时定量 PCR）、DNA 测序等方法。这些技术能够精确检测基因在细胞中的存在、拷贝数、位置以及表达水平。例如，PCR 技术常用于快速检测导入基因的存在与完整性，而 DNA 测序则可以进一步分析基因是否存在突变或缺失。基因检测技术在转基因产品的安全性评估、基因治疗效果的监控，以及基础生物学研究中发挥了关键作用。例如，在转基因作物的监管中，通过基因检测技术可以确认外源基因是否成功整合到植物基因组中，并对其表达水平进行长期跟踪，以确保其安全性和有效性。

基因工程涉及的技术领域广泛且复杂，涵盖了从基因的分离、操作、导入、表达到检测的全过程。这些技术不仅推动了生命科学的进步，也在医药、农业和工业领域带来了诸多应用前景。

（二）基因工程在果蔬保鲜中的应用

基因工程在食品保鲜领域的应用已经成为生物技术的重要方向之一。通过对植物、动物及微生物的基因进行改造，基因工程技术能够显著延长食品

的保鲜期，提高其营养价值，减少食品浪费，并为全球食品安全提供新的解决方案。在此领域，研究者们从基因水平入手，通过改变食品的代谢途径、抑制腐败相关的微生物活动、增强抗氧化能力等多种方式来实现食品的长效保鲜。以下从多个方面深入探讨基因工程在食品保鲜中的实际应用：

1. 抑制食品腐败微生物的生长

食品腐败的主要原因之一是微生物的生长与代谢活动。基因工程技术通过改造微生物的遗传物质，使其失去在食品环境中生长繁殖的能力，从而有效延长食品的保鲜时间。例如，利用基因编辑技术对乳酸菌、酵母等食品发酵过程中常见的微生物进行改造，可以在不影响其正常发酵能力的情况下，削弱其在保质期内导致食品腐败的可能性。某些基因工程改造的微生物还可以通过表达天然抗菌物质（如溶菌酶、抗菌肽）来抑制食品腐败菌的生长，从而延长保鲜期。

此外，基因工程技术还被用于开发食品中的"生物防腐剂"，即通过基因改造生产天然的抑菌物质。例如，利用基因工程改造的微生物生产纳他霉素和乳酸链球菌素等生物防腐剂，这些物质在抑制霉菌和细菌生长方面表现出显著的效果，并且已被广泛应用于奶制品、果汁等食品的保鲜中。

2. 改造植物基因以延缓成熟和衰老

在水果和蔬菜的保鲜过程中，延缓成熟和衰老是延长保鲜期的关键之一。通过基因工程手段，可以对植物的相关基因进行改造，从而调控与成熟和衰老过程相关的信号通路。例如，乙烯是植物成熟和衰老的主要激素，水果和蔬菜在贮存过程中会释放大量乙烯，加速自身及周围其他水果的成熟。科学家通过基因工程技术对乙烯合成途径中的关键酶（如 ACC 合成酶和 ACC 氧化酶）进行抑制，减少了乙烯的产生，从而有效延长了水果的保鲜期。

3. 增强食品的抗氧化能力

食品在贮存和加工过程中，氧化是导致其变质的重要原因之一。氧化反应不仅会使食品的营养成分流失，还会引发风味和色泽的变化，导致食用品质下降。基因工程技术可以通过增强食品中的抗氧化酶（如超氧化物歧化酶、

过氧化氢酶等）的表达，或增加抗氧化物质（如维生素 C、维生素 E）的含量，从而提高食品的抗氧化能力，延缓氧化损伤，保持食品的新鲜度。

例如，通过基因工程改造的水果和蔬菜可以积累更多的抗氧化物质，延缓氧化过程。转基因苹果中，通过抑制氧化酶基因的表达，减少了在切割后果肉的褐变现象。这一技术已在实际应用中得到了验证，特别是在像苹果这种易受机械损伤的水果中，基因改造可以有效保持其外观和口感。

4. 改进冷冻食品的质量

冷冻保存是食品保鲜的常用手段之一，但冷冻过程中产生的冰晶会破坏细胞结构，导致解冻后食品的质地和口感下降。基因工程技术能够通过引入抗冻蛋白（AFPs）基因，防止冰晶的形成或抑制其生长，从而保持冷冻食品的质地。例如，研究者们通过从极地鱼类中提取抗冻蛋白基因，并将其转入草莓等水果中，显著提高了这些水果的抗冻性。在冷冻贮藏条件下，转基因草莓表现出更好的质地和口感。

抗冻蛋白还可用于冷冻肉类和水产品的保鲜，通过在基因改造中引入抗冻蛋白基因，可以减少细胞损伤，提高解冻后的品质。这种基因工程手段有望在冷冻食品市场上大规模应用，特别是在冷链运输成本较高的地区。

5. 延长肉类和海产品的保鲜期

肉类和海产品由于富含蛋白质和水分，极易受到微生物污染和氧化影响，导致快速腐败变质。通过基因工程手段，可以开发能够延长肉类和海产品保鲜期的新技术。例如，通过转基因手段将抗菌肽或溶菌酶基因导入动物体内或应用于肉制品的表面处理，可以抑制致病菌和腐败菌的生长，从而延长保鲜期。此外，还可以通过基因工程技术调控动物体内的肌肉降解酶，延缓屠宰后肉类的组织分解，从而保持更长时间的肉质鲜嫩。

在海产品保鲜方面，基因工程技术同样表现出巨大的潜力，通过改良鱼类和甲壳类动物的基因，提高其抗氧化能力和抗菌能力，使海产品在捕捞后能够保持更长时间的新鲜状态，减少在运输和贮存中的损耗。

三、拮抗微生物及其应用

生物防治通过利用微生物之间的拮抗效应，选择不对生物产生危害的微生物来抑制引发产品腐败的病原菌的致病能力[1]。鉴于化学农药对环境及农产品造成的污染对人类健康构成直接威胁，各国正积极探索能够替代化学农药的防病新技术。生物防治作为一种近年来得到验证的有效替代方案，逐渐成为一种有前景的途径。

食品生物防治保鲜技术中的拮抗微生物选用是近年来生物技术领域的重要研究方向之一。随着人们对食品安全和环境保护的日益关注，传统的化学保鲜剂逐渐暴露出对环境和人体健康的潜在威胁，因此寻找替代方案迫在眉睫。在果蔬采后病害防治领域，拮抗微生物的应用已经显示出巨大的潜力。这些微生物通过营养竞争、产生抗菌物质、诱导植物抗性等机制，能够有效抑制病原微生物的生长，延长果蔬的保鲜期。

（一）拮抗微生物的来源与种类

自 20 世纪 80 年代以来，果蔬采后病害的生物防治研究逐步发展，并从实验室阶段进入商业化应用。在此过程中，科学家们从植物表面、土壤以及果蔬伤口等环境中，成功分离出多种对病原真菌具有拮抗作用的微生物。这些微生物主要包括细菌、酵母菌和丝状真菌。它们对多种常见的采后腐烂病原菌，如褐腐病菌、灰霉菌、青霉菌等表现出明显的抑制作用。

其中，细菌类拮抗微生物的研究和应用最为广泛。比如，枯草芽孢杆菌通过产生抗菌素（如伊枯草菌素）来抑制果蔬表面的病原菌生长。伊枯草菌素不仅能够有效抑制核果采后褐腐病，还对草莓灰霉病和柑橘青霉病具有显著防控效果。酵母菌类微生物则主要通过营养竞争和快速繁殖来抑制病菌。例如，季也蒙假丝酵母在果蔬伤口处迅速增殖，通过抢夺营养资源和占据伤

---

① 韩艳丽. 食品贮藏保鲜技术［M］. 北京：中国轻工业出版社，2015：106.

口表面，阻止病原菌的入侵。此外，丝孢酵母在苹果的保鲜处理中展现出良好的应用潜力，其能够在低温条件下快速繁殖，有效抑制病原菌的生长。

（二）拮抗微生物的作用机理

拮抗微生物主要通过以下方式发挥抑制病菌的作用：

第一，拮抗微生物通过产生抗菌物质直接杀灭病原菌。以枯草芽孢杆菌为代表的细菌能够合成抗菌素，这些抗菌素不仅能抑制病原真菌的生长，还能破坏其细胞壁和细胞膜，最终导致病菌死亡。此类抗菌物质的广谱性使得它们可以有效抑制多种病原菌的生长。

第二，拮抗微生物通过营养竞争阻止病原菌的繁殖。比如，酵母菌类拮抗微生物通常在果蔬表面的伤口处快速繁殖，通过占据病原菌的生存空间并抢夺营养资源，显著抑制病原菌的入侵。这一竞争机制不仅有效，而且避免了化学防治措施带来的环境和健康风险。

第三，拮抗微生物还能通过诱导植物的系统抗性来间接防止病原菌的感染。某些细菌和酵母菌能够通过激活宿主植物的防御信号通路，诱导其产生一系列抗病相关的蛋白和代谢物，从而提高植物自身对病原菌的抵抗能力。这一机制为果蔬采后病害防治提供了新的思路，不仅可以减少外部防治手段的使用，还可以增强食品的自身防御能力。

（三）拮抗微生物的选用标准

在食品生物防治保鲜技术中，拮抗微生物的选用至关重要。理想的拮抗微生物需要具备多种特性，以确保其在实际应用中发挥有效且安全的保鲜作用。根据现有研究和应用经验，选用拮抗微生物时应考虑以下标准：

第一，环境适应性和低浓度繁殖能力。拮抗微生物应能够在果蔬表面较低的浓度下迅速生长繁殖，并在低温、湿度变化等采后贮存环境中保持其活性。这一特性确保了拮抗微生物能够在果蔬整个贮存和运输过程中持续发挥作用。

第二，与其他采后处理方法的相容性。拮抗微生物需要与常见的采后处理技术（如低温储存、气调贮藏和化学药物处理）相兼容。这种相容性不仅能保证拮抗微生物在多种保鲜措施下发挥最大效果，还能与现有的食品保鲜技术无缝衔接，实现综合防治。

第三，生产成本和规模化能力。拮抗微生物应能够利用成本低廉的培养基进行大规模工业化生产，并保持良好的遗传稳定性。这对于商业化应用至关重要，只有生产成本可控，且微生物的遗传性状在大规模生产中稳定，才能确保其大范围推广使用。

第四，广谱抗菌性和安全性。理想的拮抗微生物应具有广谱抗菌特性，能够有效抑制多种病原微生物。此外，其代谢产物不能对人类和环境产生毒副作用。拮抗微生物不应产生有害的代谢物或毒素，以确保应用的食品安全性。

第五，抗虫性与寄主安全性。拮抗微生物不仅需要具备抗菌性能，还需在处理过程中对寄主植物和环境友好，不能引发植物的病害。同时，某些微生物还应具备抗杀虫剂的能力，以应对与农业生产中常见的杀虫剂相结合的使用场景。

（四）拮抗微生物的应用前景与挑战

拮抗微生物在食品保鲜中的应用前景广阔，尤其在果蔬采后病害防治领域，已逐步成为替代化学防治方法的重要技术。然而，尽管其优势明显，但在实际推广和应用中仍面临一定挑战。例如，拮抗微生物的作用机理复杂且多样化，不同环境下的效果可能差异显著。此外，如何确保微生物在不同的贮藏条件下保持活性，同时避免微生物之间的相互干扰和病原菌产生抗性，仍需进一步研究和优化。

此外，消费者对转基因技术和微生物制剂的接受程度以及相应的监管政策也将影响其商业化进程。尽管大多数拮抗微生物来源于天然环境，但其在食品中的使用仍需通过严格的安全评估和监管，确保其对人体健康和生态环境无害。

第三章　现代食品贮藏保鲜
新兴技术研究

面对食品保鲜领域的新挑战，一系列新兴技术应运而生，为食品贮藏保鲜带来了革命性变革。本章探讨食品保鲜的前沿技术，包括智能保鲜技术、纳米保鲜技术、臭氧杀菌技术、超高静压技术和脉冲电场技术。这些新兴技术的涌现，不仅拓宽食品保鲜的边界，也为食品安全与品质提升开辟新路径。

第一节　智能保鲜技术

随着食品工业的快速发展，消费者对食品安全、质量和新鲜度的要求也日益提升。传统的食品保鲜方法，如冷藏、气调包装和化学保鲜剂，虽然在延长食品保质期方面取得了一定成效，但它们在长时间贮存过程中往往会面临食品品质监测不及时、能源消耗大，以及环境污染等问题。为应对这些挑战，智能保鲜技术逐渐成为食品保鲜领域的重要创新方向。智能保鲜技术借助物联网、传感器等设备，旨在实时监控和优化食品贮藏环境，最大限度地保持食品的新鲜度和质量，同时提高贮藏管理的效率。

一、传感器与监测技术

传感器技术作为智能保鲜技术体系中的基石与核心驱动力量，其重要性不言而喻。该技术通过高度集成的感知元件，实现对食品贮藏环境及食品本体状态的精准、实时、连续监测，为食品保鲜策略的制定与动态优化提供了

不可或缺的数据支撑。在构建高效、智能化的食品保鲜系统过程中，传感器的选择与应用显得尤为关键。

　　温度传感器作为最基本的监测工具之一，能够精确捕捉贮藏空间内的温度变化，确保食品在适宜的温度范围内保存，有效抑制微生物繁殖与酶活性，延长食品的货架期。湿度传感器则负责监控环境中的湿度水平，防止食品因过度干燥或潮湿而引发的品质劣变，对于保持食品的新鲜度与口感至关重要。此外，压力传感器在特定类型的食品保鲜中亦扮演重要角色，如真空包装技术的应用，通过监测包装内压力变化，确保真空环境的有效性，减少氧气接触，进一步抑制微生物活动，增强食品保鲜效果。

　　生物传感器技术的应用极大地拓宽了智能保鲜技术的边界。生物传感器能够特异性地识别并响应食品中的生物标志物或微生物代谢产物，实现食品腐败的早期预警与精准识别。这一特性使得智能保鲜系统能够在食品品质发生细微变化时即刻作出反应，通过调整贮藏条件或采取其他干预措施，有效延缓食品变质过程，保障食品安全与品质。

二、智能标签与溯源技术

　　智能标签与溯源技术在现代食品保鲜管理中占据着极为重要的地位，尤其是在供应链管理与食品安全保障领域发挥了不可或缺的作用。智能标签，如射频识别（RFID）标签和二维码标签，具备实时记录与跟踪食品从生产到最终消费全过程的能力。这些技术能够有效地确保食品在整个流通环节中的贮存温度、运输环境及到达时间等关键信息的精准记录与保存，为保障食品品质提供了技术支持。通过智能标签，消费者可以通过简单的扫描操作，立即获取产品的详细信息，包括产地来源、保质期限、生产日期以及储存条件等，这不仅大幅提升了食品的可追溯性，还增强了消费者对食品安全的信任度。

　　智能标签技术的创新应用还体现在与区块链技术的深度结合上。区块链的去中心化和不可篡改特性为溯源系统提供了更高的透明度与数据安全保障。通过将食品的生产、运输、储存等各环节的信息录入区块链系统，可以

确保这些数据在供应链的每一阶段都能够被安全、透明地记录和追溯。特别是在食品的冷链管理过程中，区块链与智能标签的联动能够详细记录温度变化、物流路径、存储环境等关键因素，为供应链各方提供了可靠的监控手段。在保障食品新鲜度的同时，也能够在食品安全事故发生时实现快速溯源，缩短问题处理时间，从而降低食品安全事件的影响范围与损失程度。

三、智能包装技术

智能包装技术是智能保鲜系统中的另一重要组成部分，智能包装不仅能够保护食品免受外部污染，还具备监测、调节和信息反馈等功能，从而延长食品的保质期和提升食品安全性。智能包装技术主要包括可视化包装、功能性包装和纳米材料包装等。

可视化包装通过外包装上的指示标签或颜色变化，直接向消费者展示食品的新鲜度或贮藏状态。这种包装通常采用智能标签或指示剂，如时间温度指示剂（TTI），通过颜色的渐变显示出食品在贮藏过程中的累计温度变化。消费者只需观察标签颜色的变化，就可以判断食品是否在合适的温度下存储过以及是否新鲜。此外，气体指示剂可以通过检测包装内的气体成分变化（如氧气或二氧化碳的含量），反映出食品包装的完整性以及食品的保鲜状况。

功能性包装则通过内含的活性物质与食品的代谢产物发生反应，从而延缓食品的氧化和腐败。比如，含有抗菌剂的包装可以抑制微生物的生长，从而减少食品腐败和食源性疾病的发生。吸氧剂和放氧剂等包装材料能够动态调节包装内的气体环境，延长食品的保质期。与传统的被动式包装不同，功能性包装属于主动保鲜技术，通过与食品周围环境的交互作用，有效降低了食品贮藏过程中的变质风险。

四、智能贮藏设备

智能贮藏设备是智能保鲜技术的重要硬件支持，其通过集成传感器、物联网技术和自动控制系统，能够动态调节食品的贮藏环境，确保食品在整个

贮藏过程中保持最佳保鲜状态。智能贮藏设备主要包括智能冷藏设备、气调贮藏设备和自动化仓储系统。

智能冷藏设备通过集成温度、湿度和气体传感器，能够实时监测冷藏环境中的温湿度和气体浓度，并通过智能控制系统进行自动调节。例如，在贮藏过程中，智能冷藏设备可以根据温度传感器的数据，动态调整制冷系统的功率，以维持稳定的温度范围，从而减少食品变质的风险。同时，智能冷藏设备还能够与物联网平台连接，允许管理人员通过手机或电脑远程监控冷藏设备的运行状态。

自动化仓储系统是智能保鲜技术发展的重要方向之一。自动化仓储系统通过集成传感器、机器人和人工智能技术，实现食品的自动分类、入库和出库操作。这种系统不仅能够提高仓储效率，还能减少人工操作带来的误差和污染。自动化仓储系统通过实时监控食品贮藏环境，结合大数据分析，能够预测食品的保质期和贮藏需求，从而优化贮藏管理，减少食品浪费。

五、动态传输与智能物流

智能保鲜技术的应用范围广泛，其中包括智能物流与冷链管理系统。食品在运输过程中的保鲜至关重要，特别是对于生鲜食品的长途运输而言，确保其新鲜度和安全性是非常重要的。在传统的冷链运输模式中，运输车辆所提供的冷藏条件通常是静态的，这种模式无法根据食品的实时状态进行有效的动态调整。因此，食品在运输过程中可能会受到温度波动的影响，进而影响其质量和安全性。

智能物流系统通过实时监控食品的贮藏环境，并结合传感器数据与自动控制技术，能够在运输过程中对冷藏设备进行动态调节，以确保食品在长途运输中的质量不受影响。具体而言，智能物流系统能够利用各种传感器获取食品温度、湿度及其他环境参数的实时数据。这些数据不仅能反映食品的当前状态，还能帮助管理者及时作出响应。例如，冷链运输车辆能够通过传感器数据的实时传输，随时调整制冷机组的工作状态，确保食品始终处于最佳

贮藏温度范围内，从而最大限度地延长其保鲜期限。

智能物流系统还具备根据道路状况和运输时效自动优化运输路线的能力。这种动态调整不仅可以减少运输时间，还能有效提升食品的保鲜效果，降低因运输延误而导致的质量损失。同时，结合无人机和自动化物流车的智能配送系统也正在食品冷链运输领域逐步推广。通过这些先进技术的应用，食品供应链的效率和保鲜能力得到了显著提高。这一系列措施不仅提高了食品流通的速度和可靠性，也为保障食品安全和消费者的健康提供了有力的支持。

第二节　纳米保鲜技术

一、纳米技术的认知

纳米技术是指在纳米尺度上利用原子分子结构的特性及其相互作用原理，并按人类的需求在纳米尺度上直接操纵物质表面的分子原子乃至电子来制造特定产品或创造纳米级加工工艺的一门新兴学科技术。各国对于纳米材料的制备、性能及应用的研究不断深入，特别是在化工、生物医学、电子、光学以及陶瓷等领域，引起了全球科学界的广泛关注。由于纳米材料展现出的独特性能和效果，纳米技术的迅速进步预示着一场新的工业革命，已在原料化工、医疗、通信和能源等多个领域得到了广泛应用。

纳米包装材料是由纳米级粒子均匀分散在高分子聚合物中形成的复合材料。这些纳米材料通常包括金属（如银、锌等）、金属氧化物（如二氧化钛）和无机聚合物，而常见的高分子聚合物则包括聚乙烯、聚氯乙烯和聚酰胺等。添加纳米粒子的包装材料在物理性能、力学性能及透气性、湿度控制、稳定性、抗菌性和保鲜效果等方面都有了显著提升。

通过纳米技术，包装材料的分子结构得以改变，从而提高了对水分和气体的隔离能力。这一技术极大地满足了对水果、蔬菜和饮料等食品的保鲜需求，有效延长了产品的保质期。其中，纳米级的二氧化钛是目前应用最广泛

的光催化抗菌剂，其无毒、无味、无刺激性，具有良好的热稳定性和耐热性。Ti 氧气自身呈白色，高温下不变色且不会分解，具备迅速的抗菌效果、强大的抗菌能力和广谱抗菌特性，其抗菌效果持久，深受欢迎。

二、纳米技术在食品贮藏保鲜中的应用

（一）纳米酶技术

纳米酶技术的核心在于利用纳米材料作为载体或稳定剂，将酶分子精准固定于纳米尺度空间内，从而赋予酶分子前所未有的高稳定性与催化活性。在食品保鲜领域，这一技术的引入不仅极大地拓宽了酶的应用边界，还为实现食品中有害物质的绿色降解提供了新途径。具体而言，纳米酶能够高效催化分解食品生产及贮藏过程中产生的有害物质，如酿酒工业中常见的对甲酰氨基苯甲醛等有害物质，通过精确调控酶与底物的相互作用，显著降低这些物质在食品中的残留量，有效减轻对人体健康的潜在风险。此外，纳米酶还展现出促进食品营养成分转化与保持的潜力，通过优化酶促反应条件，促进有益成分的生成与稳定，进而提升食品的整体营养价值与功能性，为开发高附加值健康食品提供了科学依据。

（二）纳米包埋技术

纳米包埋技术，作为食品保鲜领域的一项前沿技术，通过将纳米级材料以特定方式嵌入食品基质中，构建出具有优异性能的纳米复合材料体系。这一技术不仅深刻改变了食品的物理化学结构，还显著提升了食品的抗氧化、抗菌及耐贮藏等性能。在抗氧化性方面，纳米材料如金属氧化物纳米粒子、碳纳米管等，其独特的表面效应与电子结构赋予其强大的自由基清除能力，能有效抑制食品中不饱和脂肪酸等成分的氧化反应，延缓食品品质劣变，保持食品原有的风味与色泽。同时，纳米材料的微纳结构为抗菌剂的负载提供了广阔平台，通过物理吸附或化学键合等方式将抗菌成分固定在纳米尺度上，

实现抗菌剂的高效缓释与长效抑菌，显著延长食品的保质期。在油脂类食品中，纳米包埋技术的应用尤为显著，其能有效阻隔氧气与油脂分子的直接接触，抑制自动氧化链式反应的启动，从而保持油脂的稳定性与食品的整体品质。

（三）纳米涂膜技术

由于新鲜果蔬采收后仍进行着旺盛的呼吸和水分蒸发，失重超过 5% 就出现萎蔫。采用涂膜，可适当地抑制呼吸作用和水分的蒸发，以及减少病原菌的侵染而造成的腐烂损失，从而起到保鲜作用[①]。纳米涂膜技术是一种通过在食品表面涂覆一层厚度在纳米级别的薄膜，以实现延长食品保鲜期的创新性技术。这种薄膜展现出优异的阻隔性能，能够有效阻挡氧气、水分以及有害微生物的侵入，因而极大地延长了食品的货架期。此外，纳米涂膜技术的应用范围广泛，涵盖了水果、蔬菜、肉类等多种食品。通过对涂膜成分和结构的调节，研究者能够针对不同食品的特性实现定制化保鲜，以满足多样化的市场需求。纳米涂膜不仅在保鲜效果上表现突出，同时还具备良好的机械性能和透明度，能够在不影响食品原有外观和口感的情况下，保持其视觉吸引力和感官特性。因此，纳米涂膜技术为食品贮藏保鲜提供了一种高效而具有可持续性的解决方案。

（四）纳米抗菌剂

纳米抗菌剂是纳米技术在食品保鲜领域中的另一重要应用，其通过将纳米抗菌剂添加至食品包装材料或直接应用于食品本身，以实现对有害微生物的有效抑制。这类抗菌剂展现出广谱抗菌性、高效性和持久性的优点，能够显著降低食品在贮藏过程中的腐败风险，维护食品安全。例如，纳米银和纳米氧化锌等抗菌剂已在食品包装中得到了广泛应用，其机制主要是通过释放活性离子，破坏微生物的细胞膜结构或 DNA，从而达到杀菌的效果。这一技

---

① 于海杰，李敏，徐吉祥，等. 食品贮藏保鲜技术［M］. 武汉：武汉理工大学出版社，2017：29.

术的应用不仅能够延长食品的保质期，还能减少对传统防腐剂的依赖，推动食品保鲜技术的绿色发展。通过不断地研究与开发，纳米抗菌剂有望在未来的食品安全领域发挥更为重要的作用。

（五）纳米催化剂

纳米催化剂在食品保鲜领域的应用具有重要的实际意义，主要体现在其促进食品中有害物质的降解与转化方面。以果蔬的贮藏为例，乙烯作为一种重要的植物激素，极大地影响了果蔬的成熟和衰老过程。通过采用纳米催化剂来催化乙烯的分解反应，可以有效降低贮藏环境中乙烯的浓度，从而显著延缓果蔬的成熟与衰老。这一过程不仅能延长果蔬的贮藏寿命，还能保持其外观和营养成分的稳定性，提升食品的市场价值。此外，纳米催化剂还具有降解食品中农药残留、重金属及其他有害物质的能力，进一步提升了食品的安全性。这一技术的应用将为消费者提供更加健康和安全的食品选择，同时也有助于减少食品浪费，促进可持续发展。

（六）纳米保鲜包装

伴随着物联网、大数据等前沿技术的迅猛发展，纳米保鲜包装材料正在向智能化方向迈进。通过将纳米技术与智能传感器、标签等创新技术相结合，研究者可以实现对食品贮藏环境的实时监测与调控。这种智能包装材料能够检测包装内的温度、湿度、气体浓度等重要参数，并通过无线通信技术将实时数据传输至云端或用户终端。这使得用户可以根据收到的数据，及时调整贮藏条件，以确保食品的品质与安全性。此外，智能包装材料还可实现食品的溯源和防伪功能，显著提高食品的可追溯性和安全性。通过这种方式，消费者不仅能够更加清晰地了解食品的来源和质量，还能够有效防范伪劣产品的流入，进一步增强食品安全保障。这些创新的纳米技术应用，不仅为食品保鲜提供了新的解决方案，也为整个食品供应链的智能化与现代化提供了强有力的支撑。

第三节　臭氧杀菌技术

一、臭氧杀菌技术的认知

在当今食品工业的快速发展背景下，确保生产出更安全、更健康和更高品质的食品，已成为应对日益严峻的消费者需求的重要挑战。尽管已有多种加工与保藏技术能够有效抑制食品中微生物的生长，并保持食品成分的完整性，食品安全依然是该行业生产的首要目标之一。在众多能够有效保障食品安全和品质的技术中，臭氧处理技术尤为突出。

臭氧处理技术是一种通过将受污染的食品（如水果、蔬菜、饮料、香料、肉类和鱼类等）暴露于臭氧化水或臭氧气体中，以实现其杀菌效果的化学消毒方法。这种处理过程通常在恒定的压力、流速和特定的臭氧浓度下进行，从而确保其对食品中微生物的灭活效果。由于臭氧具有显著的氧化特性和广谱的抗菌活性，其在食品保藏中的应用日益广泛。

臭氧处理技术不仅能够显著延长食品的保质期，而且处理后的食品在营养成分、物理特性及化学性质上并不会发生显著的变化。臭氧的强氧化性使其能够在较低的处理浓度和较短的暴露时间内有效地失活大多数常见的细菌、真菌、病毒和原生生物。此外，与其他化学消毒剂相比，臭氧在处理过程中不会产生有毒物质，因而被视为一种环保型消毒剂。目前，臭氧作为化学杀菌剂在食品加工业中的研究与应用已取得了显著进展，得到了广泛认可。

二、臭氧杀菌技术在食品贮藏保鲜中的应用

（一）臭氧杀菌技术在水果贮藏保鲜中的应用

1. 浆果类水果

浆果类水果，诸如草莓、鲜食葡萄、黑莓、蓝莓、蔓越莓和覆盆子等，

以其优良的营养价值和独特的风味而受到广泛喜爱。然而，由于其在自然成熟过程中的质地软化，以及对微生物攻击的高度敏感性，这些水果的保存期限普遍较短。将采后的浆果储存于 0～5 ℃的冷藏环境中，其保质期通常在 2 天至 2 周之间。为了有效延长浆果的保存时间，必须在采摘后的几个小时内迅速去除其热量（预冷），这一过程对于保持浆果的品质至关重要。由于浆果表面结构的脆弱性，强制空气冷却相较于水冷却显得更为适宜。此外，由于采后处理和加工可能对浆果质量造成负面影响，从而导致其保质期缩短，因此市场上出售的新鲜果实通常在销售前不会经过任何处理或加工。这一现象提示我们在实际操作中，应更加关注浆果的采后处理技术，特别是在引入臭氧杀菌技术时，如何有效结合冷藏和臭氧处理，以实现对浆果品质的最大保护。

2. 仁果类水果

仁果类水果主要以苹果和梨为代表，通常具有光滑的表面特征，并且在 0 ℃的条件下，其贮藏期可以延长至数月甚至一年以上。不同类型的农产品（如光滑、粗糙或有褶皱的表面）在臭氧处理下表现出不同的保鲜效果。针对仁果类水果的特性，合理的臭氧杀菌技术可以有效抑制微生物的生长，从而延长其货架期。此外，仁果类水果在采后处理阶段的适宜温度和湿度条件，对其储藏效果也具有重要影响。因此，深入研究仁果类水果在臭氧处理下的微生物动力学变化，将为提升其贮藏保鲜技术提供重要的理论基础和实践指导。

（二）臭氧杀菌技术在蔬菜贮藏保鲜中的应用

蔬菜作为重要的膳食组成部分，既可生食也可熟食，且在人体营养中扮演着至关重要的角色。这主要源于蔬菜相对较低的脂肪和碳水化合物含量，而其富含的维生素、矿物质和纤维素则对维持人体健康至关重要。蔬菜的可食部分多样，涵盖了植物的不同部位，如根、球茎、块茎、叶菜、花蕾以及果实等。因此，蔬菜的种类繁多，为人们提供了丰富的营养来源。

蔬菜的 pH 通常高于水果，这使其在储存和运输过程中更容易受到细菌的

侵害，导致腐败和变质。因此，如何有效地延长蔬菜的保鲜期，保持其营养价值和食用安全性，成为了食品科学研究的重要课题。臭氧杀菌技术因其强氧化性和广谱杀菌能力，在蔬菜的贮藏保鲜中得到了越来越广泛的应用。

通过臭氧化水对大葱、番茄和绿叶莴苣进行冲洗，可以显著提高其抗肠炎沙门菌的能力。这种抗菌效果受多种因素的影响，包括新鲜产品表面的结构特征、冲洗时间（如 1 分钟、5 分钟或 10 分钟）、冲洗温度（如室温、50 ℃ 或 4 ℃）以及冲洗时的 pH（如酸性、中性或碱性）。不同的冲洗条件会对臭氧的杀菌效率产生显著影响，从而决定蔬菜的保鲜效果。

（三）臭氧杀菌技术在粮食贮藏保鲜中的应用

在粮食贮藏保鲜领域，臭氧杀菌技术作为一项环保且高效的生物防控手段，正逐步展现出其独特的优势与潜力。该技术不仅能够有效抑制仓储害虫的滋生，还能在一定程度上维护粮食品质的稳定，为粮食安全提供了新的解决路径。

1. 臭氧在粮食颗粒中的运动与反应机制

在粮食贮藏环境中，臭氧分子的扩散与反应过程复杂而精细。首先，针对不同种类和特性的粮食颗粒（如小麦、玉米等），需精准分析臭氧在其内部的运动动力学，以优化臭氧发生设备的应用策略。臭氧分子渗透至颗粒内部，首要面临的是与颗粒外层（如种皮）中化学成分的直接作用。这一过程不仅受到颗粒表面特性的影响，还涉及颗粒内部微观结构、水分含量及微生物污染程度等多因素的共同作用。

具体而言，臭氧在粮食颗粒中的运动可分为两个关键阶段：一是初始接触与表面反应阶段，臭氧在颗粒表面或其紧邻区域迅速与有机物质发生氧化反应，导致浓度梯度形成，限制了臭氧的进一步深入；二是深层渗透与持续反应阶段，当表面反应层被逐步消耗后，臭氧得以在颗粒内部自由扩散，继续执行其杀菌消毒任务。这一过程的高度反应性和动态变化性，要求我们在实际应用中需综合考虑粮食颗粒的理化性质及臭氧处理条件（如浓度、时间、

流速、温度等），以实现最佳处理效果。

2. 臭氧对仓储害虫的杀灭机制

在粮食仓储中，害虫的侵扰是导致粮食损失和品质下降的主要原因之一。传统熏蒸剂如甲基溴和磷化氢虽有一定效果，但存在环境污染和害虫抗性问题。相比之下，臭氧作为一种强氧化剂，能够破坏害虫的呼吸系统，通过引起氧化性组织损伤，导致 DNA 链断裂、肺功能受损及膜脂过氧化等一系列生理病理变化，从而达到杀灭害虫的目的。

臭氧对昆虫的毒性效应具有阶段性差异，即不同生命周期阶段的昆虫对臭氧的敏感度不同。因此，在实际应用中，需根据害虫的种类、种群密度及生命周期特点，合理调整臭氧处理方案，确保有效杀灭害虫的同时，减少对环境的潜在影响。

3. 臭氧对粮食品质的影响

尽管臭氧在杀灭害虫方面表现出色，但其对粮食品质的影响亦不容忽视。一方面，适量的臭氧处理能够在一定程度上延缓粮食的氧化变质过程，保持其营养价值和感官品质；另一方面，过量使用臭氧则可能加速粮食中氨基酸、脂肪酸等成分的氧化降解，导致谷物表面氧化、变色及不良气味的产生，进而影响其食用价值和市场接受度。

因此，在利用臭氧进行粮食贮藏保鲜时，必须严格控制臭氧的施用剂量和处理条件，避免对粮食品质造成不可逆的损害。同时，通过科学研究和技术创新，不断优化臭氧处理工艺，提高其在保持粮食原有品质方面的效能，是未来研究的重要方向。

第四节　超高静压技术

一、超高静压技术的认知

超高静压技术，又称超高压、高静压或高压技术，其核心在于利用极端

静水压力环境（通常在 100～1 000 MPa 范围内），对液态、固态或混合态的食品及相关物料实施一定时长的处理。此技术不仅限于杀菌目的，更在于通过精确调控压力参数与处理时长，实现对食品组分结构与性质的精细调控与优化。

在操作过程中，食品原料先被妥善包装并密封于特制的超高静压容器中，该容器设计有高效的压力传递系统，常以纯净水、甘油等惰性流体作为压力传递介质，以确保压力均匀分布并避免化学交互作用。在 100～1 000 MPa 的极高压力作用下，加之适宜的温度条件，处理时间可灵活调整，从数秒至数十分钟不等，以适应不同食品材料的处理需求。

超高静压处理机制复杂而精妙，其核心在于利用高压诱导的非共价键（包括氢键、离子键及疏水相互作用等）的断裂与重组，而非直接作用于更为稳定的共价键系统。这一特性使得食品中的大分子成分，如蛋白质（含酶类）、淀粉等，经历显著的构象变化，表现为失活、变性乃至糊化，从而有效抑制酶活性，提升食品稳定性。同时，高压环境能够穿透食品基质，直接作用于微生物细胞，破坏其细胞膜及内部生物结构，达到高效杀菌的目的，显著延长食品的货架期。

超高静压处理在保留食品天然风味与营养价值方面展现出显著优势。由于该技术不直接作用于小分子营养物（如维生素、色素及关键风味化合物）的共价键结构，因此能够最大限度地维持这些成分的完整性与活性，确保处理后的食品在风味、色泽及营养成分上接近或优于未处理状态。这一特性高度契合当前社会对健康、天然及低加工食品日益增长的需求趋势。

二、超高静压技术在食品贮藏保鲜中的应用

（一）超高静压在果蔬贮藏保鲜中的应用

1. 超高静压技术在果蔬汁贮藏保鲜中的应用

（1）超高静压技术在果蔬汁中的杀菌作用。在果蔬汁的生产过程中，微

生物污染是威胁产品安全与品质的主要因素之一。传统热处理虽然能有效杀菌，但往往伴随着营养成分的流失、风味色泽的改变及不良风味的产生。相比之下，超高静压技术以其非热加工的优势，成为果蔬汁杀菌的理想选择。

在超高静压条件下，果蔬汁中的微生物细胞遭受极端的压力环境，其细胞膜及内部生物结构迅速崩溃，导致微生物失去生命活力，从而达到商业无菌状态。这一过程对果蔬汁的风味、组成成分及营养成分（如维生素 C）的影响微乎其微，保留了新鲜水果的天然口味、颜色和风味。因此，超高静压处理后的果蔬汁在室温下即可保持数月之久，大大延长了产品的货架期。

此外，超高静压技术对于低 pH 果汁的杀菌效果尤为显著，这是由于酸性环境本身对微生物就具有一定的抑制作用，加之高压处理，实现了双重保障。随着施加压力的增加，果蔬汁中的菌落总数呈显著下降趋势，杀菌效果随之增强。同时，该技术还能有效降解毒素，其降解程度依赖于压力水平和处理时间的精准调控，为果蔬汁的安全性提供了更加坚实的保障。

（2）超高静压技术在果蔬汁色泽保持中的应用。色泽作为果蔬汁的重要感官指标之一，直接影响消费者的购买意愿与食用体验。传统加工方法往往难以避免果蔬汁在加工过程中的褐变问题，而超高静压技术则在这一方面展现出了独特的优势。

超高静压处理通过抑制果蔬汁中酶促褐变及非酶促褐变的发生，有效延缓了色泽的劣变。酶促褐变主要由多酚氧化酶等酶类催化酚类物质氧化引起，而超高静压能够显著降低这些酶的活性，从而阻断了褐变途径。同时，非酶促褐变涉及糖类与氨基酸之间的美拉德反应等复杂过程，超高静压通过改变反应条件，如降低反应速率或抑制反应物的相互作用，同样起到了抑制褐变的作用。

因此，超高静压技术不仅提高了果蔬汁的出汁率和品质稳定性，还显著改善了其色泽表现，使得果蔬汁在视觉上更加诱人，提升了产品的市场竞争力。这一技术有望在果蔬深加工领域得到更广泛的应用，甚至成为取代或补充传统热处理手段的重要选项。

2. 超高静压技术在果蔬酱贮藏保鲜中的应用

（1）超高静压技术在果蔬酱灭菌中的作用。果蔬酱作为典型的果蔬深加工产品，其保质期与微生物控制密切相关。传统方法往往通过提高可溶性固形物含量（尤其是糖分）来形成高渗透压环境，从而抑制微生物生长。然而，这种做法不仅限制了消费者的健康选择，也未能从根本上解决微生物污染问题。超高静压技术的引入，则为果蔬酱的灭菌与保藏开辟了新的途径。

在超高静压条件下，果蔬酱中的微生物细胞受到极端压力作用，细胞膜及内部结构迅速崩溃，从而实现了对包括芽孢、大肠杆菌、沙门氏菌在内的多种有害细菌的有效灭活。同时，该技术还能显著降低果酱中酵母菌、霉菌等微生物的数量，延长产品的保质期。尤为重要的是，超高静压处理能够在不添加或少添加糖分的情况下，通过物理手段直接作用于微生物，使得低糖果酱的生产成为可能，满足了现代消费者对健康饮食的追求。

（2）超高静压技术在果蔬酱品质保持中的优势。果蔬酱作为集营养、风味与便捷性于一体的食品，其品质保持对于市场接受度至关重要。超高静压技术在这一方面展现出了显著的优势。超高静压技术能够最大限度地保持果蔬原料原有的色泽与风味，防止因酶促反应或非酶促反应导致的褐变现象，使果蔬酱在视觉上更加诱人。超高静压处理对果蔬酱中的营养成分（如维生素、矿物质及抗氧化物质）具有良好的保留效果，避免了传统热处理可能导致的营养成分流失问题。此外，该技术对果酱的理化指标（如可溶性固形物含量、pH 和黏度）无不利影响，确保了果酱的感官品质与食用体验。

与传统的热处理相比，超高静压技术不仅保持了果蔬酱的原有品质，还避免了因高温处理而产生的不良风味、色泽变化及营养成分破坏等问题。这种非热加工方式更加符合现代食品工业的发展趋势，即在保证食品安全与卫生的前提下，最大限度地保留食品的天然属性与营养价值。

（二）超高静压在肉制品贮藏保鲜中的应用

在肉制品加工与贮藏的广阔领域中，超高静压技术以其独特的灭菌机制

与保鲜效果，正逐步成为提升肉制品质量与安全性的重要手段。该技术通过高压环境下对微生物及肉制品内部结构的物理性改变，实现了在不添加化学防腐剂、不破坏食品原有风味与营养成分的前提下，有效延长肉制品的保质期。

超高静压处理的核心在于利用极高的压力（通常达数百兆帕）作用于肉制品，导致其中微生物的细胞膜与细胞壁发生不可逆性破坏。在如此极端的物理压力下，微生物细胞内的蛋白质空间结构发生永久性改变，关键酶类失去活性，从而阻断了微生物正常的代谢途径，使其生命活动终止。这一非热灭菌机制，为肉制品提供了一种更为温和且高效的杀菌方式。

将肉制品中常见的腐败菌与食物致病菌（如大肠杆菌）接种于猪肉浆中，经过超高静压处理后，其灭菌效果随压力水平的提升而显著增强。特别是在压力达到 300 MPa 以上时，大肠杆菌等敏感菌种的灭菌效果尤为显著，残存菌数显著减少。压力的作用时间亦是影响灭菌效果的关键因素，延长处理时间可进一步降低残存菌数。

在超高静压处理过程中，温度的控制同样至关重要。高于细菌自然培养繁殖温度（20～40 ℃）或接近冰点（0 ℃左右）的低温条件，有助于提升灭菌效果。尤其是对于耐温耐压的芽孢菌芽孢，需采用更高的压力（如 600 MPa）结合适度加热（如 60 ℃）方能实现有效杀灭。这种压力与温度的协同作用，不仅增强了灭菌效果，还减少了对肉制品本身品质的不良影响。

超高静压技术对肉制品的灭菌效果并非孤立存在，而是受到多种因素的共同影响。除了施加压力、处理时间及温度之外，肉制品的种类、初始 pH、所含盐分及特定菌种等均为不可忽视的变量。例如，不同种类的肉制品因其组织结构、成分差异，对超高静压处理的响应可能有所不同；而肉制品中的盐分含量，虽在一定程度上可能影响水分活度，但并不显著削弱超高静压的灭菌效果，这为低盐健康肉制品的开发提供了可能。

随着对超高静压技术研究的不断深入，其在肉制品贮藏保鲜中的应用前景将更加广阔。未来，可以通过优化处理参数、探索新型压力传递介质，以

及与其他保鲜技术（如气调包装、低温贮藏等）的联合应用，进一步提升肉制品的保质期与品质稳定性。同时，加强对超高静压处理过程中肉制品品质变化机理的研究，有助于更好地控制处理条件，保留肉制品的天然风味与营养价值，满足消费者对健康、安全、高品质肉制品的日益增长需求。

第五节　脉冲电场技术

一、脉冲电场技术的认知

脉冲电场作为一种非热加工技术能保持果蔬汁的安全性、稳定性和新鲜度，同时具有处理时间短、温度低、能耗少等优势，是目前食品领域具有应用潜力的技术之一[①]。该技术的核心在于通过高压脉冲电场（通常为 $10\sim50\,kV$）和短脉冲时间对食品进行处理，使得食品中的微生物和酶活性受到抑制，从而达到延长保质期、提高安全性和稳定性的目的。与传统热加工技术不同，脉冲电场在处理过程中保持较低的温度条件，甚至可在常温下进行处理，这大大减少了对食品热敏性成分的破坏。

脉冲电场技术的一个显著特点是其能够在短时间内完成处理，且在加工过程中几乎不产生显著的温度升高，热能消耗极低。这种低温低能耗的特性，不仅能够显著节约能源，还能够保持食品的感官品质，包括色泽、风味和质地等，同时最大限度地保留食品的营养成分，如维生素、抗氧化剂和矿物质等。这使得脉冲电场技术在延长食品货架期的同时，避免了传统热加工中常见的营养成分流失及口感变化的问题。

此外，脉冲电场技术在食品处理的液态或半固态介质中表现尤为优异，特别是在果蔬汁的加工过程中，其快速、低温的处理方式能够有效保持果蔬汁的原始风味和色泽，从而提供更具竞争力的产品。相比传统的热杀菌方式，

---

① 马亚琴，李楠楠，张震. 脉冲电场技术应用于果蔬汁杀菌的研究进展［J］. 食品科学，2018，39（21）：308.

脉冲电场不仅能够保证食品的微生物安全性，还能够减少食品中的化学反应，进而避免有害副产物的生成，这为食品工业带来了新的可持续发展方向。

二、脉冲电场技术在食品贮藏保鲜中的应用

（一）脉冲电场在酒贮藏保鲜中的应用

脉冲电场技术在葡萄酒处理过程中的应用显示出显著的效果。采用脉冲电场对葡萄酒进行处理时，杂醇的含量显著下降，而总酸、总酯及苯乙醇的含量则显著上升。这一变化表明，脉冲电场能够有效调节葡萄酒中重要化合物的比例，从而提升其整体风味特征。此外，原花色素的变化趋势与传统自然陈酿过程中的变化相似，进一步证明了脉冲电场处理在风味改善方面的潜力。经过这种处理后，葡萄酒的陈香得到了明显增强，使其在风味层次上更为丰富。

对于白酒而言，脉冲电场的应用同样展现了令人鼓舞的效果。经过脉冲电场处理后，白酒的总醇和总酸含量均有所增加，这不仅提升了酒体的丰满度，也使得陈香的表现更加突出。与此同时，辛辣味的显著减少使得白酒的口感更加柔和，饮用体验得到优化。有研究指出，通过脉冲电场处理的白酒，经过一年的贮存，能够达到与经过六年自然陈酿的白酒在风味及口感上相似的效果。这一结果不仅证明了脉冲电场技术在缩短白酒陈酿时间方面的可行性，同时也为传统白酒的贮藏与保鲜提供了新的解决方案。

（二）脉冲电场在茶贮藏保鲜中的应用

脉冲电场技术在食品贮藏和保鲜领域中显示出广泛的应用潜力，尤其在茶叶的处理过程中，展现了独特的优势。脉冲电场具有显著的灭菌特性，其杀菌效果在不同微生物之间存在明显差异。具体而言，虽然脉冲电场对多种微生物具有良好的灭活选择性，但在杀灭霉菌方面的效果相对较弱。这一现象提示，在实际应用中，需要进一步优化脉冲电场的处理参数，以提高对霉

菌的抑制能力，确保茶叶的安全性和品质。

将脉冲电场处理与冷冻浓缩结合使用，能够显著提升茶汤中的香气成分的保留效果，优于传统的真空蒸发浓缩技术。这一发现不仅为茶叶的加工工艺提供了新的思路，也为茶饮品的风味提升奠定了基础。经过脉冲电场处理的普洱熟茶，其香气成分的含量发生了显著变化，具体表现为醇类、有机硫化物和短链烷烃类三类香气成分的含量显著增加。这些成分的提升不仅有助于改善茶汤的风味，还可能对消费者的接受度和市场竞争力产生积极影响。

在脉冲电场参数中，电场电压被确定为影响香气成分含量变化的主要因素。适当的电场电压能够有效激发茶叶中的香气成分释放，同时抑制不良风味的形成。因此，在实际操作过程中，精确控制电场电压及其他相关参数，是实现茶叶品质提升的关键。此外，为了更全面地理解脉冲电场对普洱茶香气成分的影响，未来的研究应进一步探讨不同处理时间、脉冲频率等因素对茶叶风味的影响，从而优化处理工艺，提升普洱茶的整体品质。

（三）脉冲电场在油脂贮藏保鲜中的应用

脉冲电场技术在油脂的提取和贮藏过程中展现了其独特的应用潜力。通过运用脉冲电场辅助提取油菜籽中的油脂，该技术能够显著提高出油率，这表明脉冲电场在提升油脂提取效率方面的有效性。与未经过脉冲电场处理的油菜籽油相比，脉冲电场处理后所得到的油菜籽油的酸值显著增高，这表示虽然脉冲电场能够提高油脂的提取效率，但在提取过程中可能会导致油脂的品质下降。

脉冲电场处理不仅会导致油酸和花生油发生一定程度的脂质氧化，还会引起过氧化值的升高以及不饱和脂肪酸含量的下降。这意味着在油脂的处理过程中，氧化反应可能会对油脂的营养成分和风味产生负面影响。但是，与未处理过的花生油相比，脉冲电场处理的花生油在贮藏期间酸败产物的累积显著较少，显示出较好的贮藏稳定性。这一现象可能与脉冲电场处理改善了油脂的结构和成分有关，使其在贮藏条件下更能抵御氧化劣变。

当脉冲电场的处理强度不超过 50 kV/cm 时，对油脂品质的影响并不明显。这为实际应用提供了指导，即在适当的处理条件下，脉冲电场可以有效提高油脂的提取效率，同时保持其品质。此外，脉冲处理对油酸的氧化过程也有显著影响，随着脉冲电场处理强度和贮藏时间的增加，油酸的过氧化值会显著增大。此外，经过脉冲电场处理后的一周内，羰基值迅速上升，表明氧化反应的加剧。而在贮藏 2 天后，脉冲电场处理的油酸的碘价出现下降趋势，进一步证实了氧化反应对油脂品质的潜在影响。

第四章 生鲜食品的贮藏保鲜技术应用研究

生鲜食品作为日常生活中不可或缺的一部分，其贮藏保鲜技术的优劣直接关系到消费者的健康与满意度。由此，本章对常见生鲜食品，如果蔬、冷鲜肉及水产品，探讨各自的贮藏保鲜技术应用，为实际生产提供宝贵的参考与指导。

第一节 常见果蔬的贮藏保鲜技术

果蔬蕴含着丰富的水分与多样的营养成分，但同时也面临着极易衰败与变质的挑战。一旦果蔬被采摘，就必须立即启动一系列高效而精细的处理流程，旨在减缓其内部的生命进程，削弱新陈代谢的活力，有效抵御病虫害的侵袭，从而显著延长其保鲜期限。这一过程不仅是对果蔬生命力的温柔调控，更是为了确保这些自然馈赠能够保持其卓越的商品品质，直至送达消费者的手中。

一、减压贮藏保鲜技术

减压贮藏技术，作为一种集成了低温与低压双重优势的贮藏策略，其核心在于通过构建一个低气压、低温、高湿及持续流通新鲜空气的微环境，以实现对果蔬生理代谢的精细调控。具体而言，该技术利用高效的真空泵系统，在密闭的冷藏室内持续抽取空气，使室内气压显著降低至预设水平，并借助

精密的压力调节装置，确保这一低压状态在整个贮藏周期内的稳定维持。同时，为了弥补因气压降低可能导致的湿度下降问题，通过加湿器将加湿后的新鲜空气不断引入冷藏室，从而在维持低压环境的同时，确保了果蔬所需的高湿度条件。此外，减压贮藏技术还巧妙地利用了低气压环境对果蔬呼吸作用及乙烯生成的抑制作用，有效减缓了果蔬的成熟衰老进程，减少了营养物质的消耗与损失，并显著延长了贮藏期。同时，低压条件下，果蔬表面的微生物活动也受到明显抑制，进一步提升了贮藏果蔬的卫生品质与安全性。

二、电磁处理保鲜技术

电磁处理保鲜技术是近年来兴起的一种非热加工保鲜手段，其通过磁场与高压电场的物理作用，对果蔬的生理代谢过程进行干预，以达到延长保鲜期的目的。磁场处理技术，主要利用电磁线圈产生的特定磁场，通过调节磁场强度与果蔬的移动速度，使果蔬在磁场中受到均匀或非均匀的磁力线作用。这种作用能够微妙地影响果蔬细胞膜的通透性、酶活性及代谢途径，从而延缓果蔬的衰老与腐败过程。

高压电场处理技术，则通过构建不均匀的电场环境，利用电场中正负离子的交替作用及臭氧的强氧化性，对果蔬进行多层次的保鲜处理。正离子在电场作用下能够促进果蔬的某些生理活动，如光合作用相关酶的活性，而负离子则主要发挥抑制作用，减缓呼吸速率与乙烯释放。尤为值得一提的是，臭氧作为该技术的关键因子，其强大的氧化能力不仅能够迅速杀灭果蔬表面的微生物，还能有效分解乙烯等催熟物质，从而全方位地提升果蔬的保鲜效果。

在国内，随着科技的不断进步与应用的深入，负离子空气发生器与臭氧发生器等定型设备已逐步走向市场，为电磁处理保鲜技术的广泛推广与应用提供了有力支撑。这些设备以其高效、环保、易操作等特点，正逐步成为果蔬保鲜领域的重要工具，为农业生产的可持续发展与食品安全的提升贡献着力量。

三、乙烯脱除剂保鲜技术

在果蔬贮藏保鲜的复杂体系中，乙烯作为一种关键的植物激素，其角色尤为突出。乙烯不仅调控着果蔬的呼吸速率与后熟进程，还直接参与叶绿素降解及果实色泽变化，是推动果蔬从成熟走向衰老的关键因子。鉴于乙烯在微量浓度下即能显著影响贮藏品质与寿命，探索并应用高效的乙烯脱除技术，对于维持果蔬新鲜度、延长货架期具有重大意义。

乙烯脱除剂的核心在于通过物理、化学或生物催化手段，有效去除果蔬贮藏环境中及果实自身释放的乙烯，从而阻断乙烯对果蔬成熟与衰老的促进作用。这一技术的应用，能够显著延缓果蔬的品质劣变，保持其原有的色泽、风味与营养价值，为果蔬的远距离运输与长期贮藏提供了技术保障。

乙烯脱除剂按其作用原理分为物理型吸附剂、氧化型吸附剂和触媒型吸附剂三种类型。

第一，物理型吸附剂，如活性炭、沸石、硅藻土等，以其丰富的微孔结构和巨大的比表面积著称，能够高效吸附包括乙烯在内的多种有害气体。此类吸附剂的使用方式简便，通过将其封装于透气性材料中，与果蔬共同置于密闭贮藏环境中，即可实现对乙烯的有效捕获。然而，物理吸附存在饱和与再生问题，需定期更换以保证吸附效率。

第二，氧化型吸附剂则利用强氧化剂（如高锰酸钾、二氧化氯、过氧乙酸等）与乙烯发生化学反应，将其转化为无害物质，从而彻底消除乙烯的催熟作用。此类吸附剂通常与多孔质载体结合使用，形成复合吸附体系，既提高了氧化剂的分散性与反应效率，又增强了整体吸附能力。氧化型吸附剂的优势在于反应彻底，但需注意控制用量，以避免对果蔬造成不必要的氧化损伤。

第三，触媒型吸附剂代表了乙烯脱除技术的又一进步，它利用特定金属、金属氧化物或无机酸作为催化剂，促进乙烯在低温低浓度条件下的快速氧化分解。这类吸附剂不仅脱除效率高，且反应条件温和，对果蔬品质影响小。

其独特的选择性催化作用，使得触媒型吸附剂在复杂贮藏环境中仍能保持高效稳定的脱除能力，是未来乙烯脱除技术发展的重要方向。

四、防腐保鲜剂保鲜技术

果蔬在采收前后都可能受到多种导致腐败的细菌和真菌的侵染，为了减少由微生物侵染所造成的损失，常在果蔬采收后、贮藏前进行一定的防腐处理。杀菌防腐剂是消灭微生物病害最有效的方法。常见的防腐剂种类如下。

第一，防护性杀菌剂。防护性杀菌剂通过形成一层保护性屏障，有效阻止病原微生物对果蔬表面的附着与侵入，进而实现病害预防的目的。此类别中，施保克、山梨酸及其盐类、邻苯酚及其衍生物（如邻苯酚钠）、氯硝胺等，均以其广谱抗菌性、低毒环保及良好的果蔬相容性而著称。它们不仅能在果蔬表面形成持久的抗菌膜，还能在一定程度上抑制已附着微生物的活性，作为洗果剂使用时，能显著减少采后病害的发生。此外，克菌灵、抑菌灵、复方百菌清等复合制剂通过多元成分协同作用，进一步提升了防护效果，成为现代果蔬防腐保鲜体系中的重要组成部分。

第二，新型抑菌剂。随着科技的进步，新型抑菌剂不断涌现，为果蔬防腐保鲜领域带来了革命性的变化。抑菌唑、扑霉灵、百可得、扑海因等作为新一代广谱性抑菌剂，展现了卓越的生物活性和环境友好性。特别是扑海因，其独特的触杀机制能够迅速穿透果蔬表皮，直接作用于病原菌体内，对冠腐病、黑腐病、青霉病、炭疽病等多种难治性病害展现出高效的防治效果。这些新型抑菌剂的开发与应用，不仅拓宽了果蔬防腐保鲜的技术路径，也为绿色农业和可持续发展提供了有力支撑。

第三，熏蒸防腐剂。熏蒸防腐剂通过气体形式直接作用于果蔬表面及内部空间，以抑制或杀灭病原微生物，具有作用迅速、穿透力强、处理均匀等优点。仲丁胺、二氧化硫释放剂、氨基丁烷、二氧化氯、克霉灵、联苯等是常见的熏蒸防腐剂，它们在果蔬贮藏保鲜中发挥着不可替代的作用。例如，二氧化硫释放剂能够在果蔬贮藏环境中形成低浓度二氧化硫氛围，有效抑制

霉菌、细菌等微生物的生长，同时保持果蔬色泽与风味；而二氧化氯作为强氧化剂，不仅具有广谱杀菌效果，还能分解果蔬表面的残留农药，提升果蔬安全性。对熏蒸防腐剂作用机制、安全限量及环境影响的深入研究，有助于优化其使用策略，促进果蔬防腐保鲜技术的可持续发展。

五、涂被保鲜剂保鲜技术

涂被保鲜剂技术，作为延长果蔬采后寿命、维持品质与新鲜度的重要手段，其核心在于利用蜡质、天然树脂、脂类化合物、明胶、淀粉等天然或合成高分子材料，通过特定工艺制备成具有一定黏附性和成膜性的涂膜溶液或乳液，进而通过浸渍、喷涂或刷涂等方式覆盖于果蔬表面，经自然风干后形成一层致密的保护膜。此膜层不仅能够物理性地隔绝外界氧气与果蔬内部的直接接触，抑制果蔬的呼吸作用速率，减少营养物质消耗，还能有效抵御病原微生物的侵入，保持果蔬的色泽、口感与风味。

涂被剂的种类如下。

第一，蜡膜涂被剂。蜡膜涂被剂以其优异的防水性、光泽度和成膜性，在果蔬保鲜领域占据重要地位。以蜂蜡与蔗糖脂肪酸酯为基础的配方为例，首先将定量的蜂蜡与蔗糖脂肪酸酯溶解于适量乙醇中，形成均匀的蜡质溶液；随后，将酪蛋白钠溶解于水中，得到蛋白溶液。将两者按比例混合后，通过高速搅拌与乳化分散技术，确保各组分充分融合，形成稳定且具有良好涂布性能的保鲜剂乳液。该乳液经浸涂法应用于番茄、茄子、苹果、梨等果蔬表面，风干后即形成一层光滑透亮的蜡质保护膜，显著延长了果蔬的保鲜期。

第二，天然树脂膜涂被剂。天然树脂，如虫胶，以其天然来源、可降解及良好的成膜性，成为制备环保型涂被剂的优选材料。制备过程中，将虫胶溶于乙醇与乙二醇的混合溶剂中，随后加入氢氧化钠水溶液进行皂化处理，以改善其溶解性与成膜性能。调整溶液浓度与温度，确保虫胶充分溶解并均匀分散。将此溶液浸渍苹果、柑橘、梨等果实，取出后自然风干，即可在果实表面形成一层坚固而透明的树脂膜，有效抵御外界不利因素的影响。

第三，油脂膜涂被剂。油脂膜涂被剂通过油脂与乳化剂的协同作用，形成具有优良涂布性和稳定性的乳液体系。以琼脂、酪蛋白钠、脂肪族单酸甘酯与豆油为主要成分的配方为例，先让琼脂在温水中溶胀并加热溶解，随后加入酪蛋白钠与脂肪族单酸甘酯以增强膜层的柔韧性与阻隔性，最后加入豆油经高速搅拌制成均匀的乳化液。将此乳化液应用于蚕豆荚等果菜类食材的保鲜处理中，能够显著延缓其表面氧化变黑的过程，即使在室温条件下也能保持较长时间的绿色与新鲜度，展现了该类型涂被剂在果菜类贮运保鲜中的巨大潜力。

六、酸性电解水与高压静电场联合处理保鲜技术

酸性电解水（AEW）可以通过在带有隔膜的电解装置中电解稀释的氯化钠或盐酸溶液来方便地制备，它具有独特的物理和化学性质，如氧化还原电位（ORP）大于 1 100 mV，pH 范围为 2～3.5，有效氯浓度（ACC）超过 5 mg/L。AEW 的高 ORP、低 pH 和高 ACC 通过改变病原体的细胞膜结构而协同发挥其抗微生物作用。此外，AEW 还能抑制龙眼、蓝莓和"灵武长"枣的病害发展，保持细胞膜结构完整性，改善品质特性，提高商业接受度。此外，AEW 与有机物接触或与自来水稀释后，很容易转化为普通水，对环境和人体健康没有威胁。因此，AEW 处理被认为是一种环境友好、高效、方便、低成本的改良后水果保鲜方法，可以提高其储藏稳定性和质量特性。

高压静电场（HVEF）是一种非热、高效、低能耗、无残留、低成本的物理保鲜技术。外部的 HVEF 可以影响水果和蔬菜内部的天然电场，并使空气离子化产生不稳定的臭氧、负离子和其他活性物质，可以消除乙烯，减少表皮的气孔开放，阻碍水果和蔬菜的正常糖代谢，并具有出色的抗菌或杀菌效果。此外，HVEF 处理可以调节双孢酵母、鲜切西兰花、石榴、柿子、小白菜、鲜切卷心菜和玉米幼苗的抗氧化系统和其他代谢途径，以保持较好的贮藏品质。

AEW 和 HVEF 处理均有利于提高果蔬的硬度，与单独使用 AEW 和 HVEF 相比，AEW＋HVEF 可以更有效地延缓枣果硬度的下降。此外，AEW＋HVEF

处理可以抑制病原体感染，防止植物的主动防御被激活，减少由活性氧（ROS）过度积累引起的损伤，从而改善枣果贮藏品质的机制。

第二节　冷鲜肉的贮藏保鲜技术

一、肉的组织结构特点

在肉制品加工中，肉的组织结构特点是决定肉质、加工性能及终端产品质量的重要因素。肉通常是指动物在宰杀过程中，经过放血、去毛或去皮、去头、去蹄以及去除内脏后所剩下的部分，即胴体。胴体由不同类型的组织构成，每种组织在肉的质地、口感、营养价值和加工过程中扮演着不同的角色。

（一）肌肉组织

肌肉组织是肉类最为重要的组成部分，在胴体中占据着很大比例。根据不同动物种类、品种和个体发育情况，肌肉组织的比例会有所不同。一般而言，在畜类中，肌肉组织占胴体重量的 50%～60% 左右。肌肉组织主要由肌纤维构成，肌纤维的结构和排列方式直接影响肉的嫩度、弹性以及整体的口感。

肌肉组织不仅是动物运动的主要动力来源，它还决定了肉类产品的质感和加工性能。肉制品加工过程中，肌肉纤维的状态、长度、粗细等都会影响产品的最终质量。例如，肌纤维较短、排列紧密的肉质通常更为细腻，而较长、较粗的肌纤维可能会使肉质显得粗糙或较难咀嚼。因此，理解肌肉组织的构成和特性，对于生产高质量的肉制品具有重要意义。

（二）结缔组织

结缔组织是肉类胴体中另一种重要的结构成分，广泛分布于动物体内的

各类组织之间，起到连接、支持、保护和填充的作用。结缔组织由纤维蛋白和基质构成，其中包括胶原蛋白、弹性蛋白和网状纤维等不同类型的纤维结构。这些结构深入肌肉组织之间，形成了软组织的支架。

典型的结缔组织包括筋腱、肌膜和韧带等。虽然结缔组织的比例在肉类中相对较小，但其对肉的质地和加工性能具有显著的影响。结缔组织中的胶原蛋白在加热过程中会发生溶解，转变为明胶，从而影响肉制品的软硬程度、弹性和保水性。在肉制品加工中，结缔组织的含量和性质是影响产品质量的重要因素之一。因此，结缔组织的处理和调控成为肉制品工艺设计中的关键环节。

（三）脂肪组织

脂肪组织是决定肉质的重要组成部分之一，它不仅对肉的风味、颜色和质地有重要影响，还在动物体内起到储存能量和保护内脏的作用。脂肪组织由退化了的疏松结缔组织和大量的脂肪细胞组成，主要分布在皮下、肾脏周围、腹腔内等部位。脂肪组织的分布特点和含量受动物种类、品种、饲养方式、个体发育阶段以及脂肪沉积位置的影响。

脂肪组织的作用不仅限于影响口感和风味，它还在肉制品加工中发挥着重要的技术功能。例如，脂肪的熔点、密度和组织结构会影响肉制品的热处理过程和最终质感。脂肪含量较高的肉制品往往更加柔软且多汁，而脂肪含量较低的产品可能会显得干燥。脂肪的香气和色泽也是消费者选择肉制品时的重要感官指标。因此，在肉制品加工过程中，脂肪组织的处理和分配需要根据产品的需求进行精细设计。

（四）骨骼组织

骨骼组织作为动物的支撑结构，具有坚硬和致密的特性，是动物胴体的重要组成部分。骨骼组织由外部致密的骨质和内部疏松的海绵状结构构成，骨髓充填于骨腔内。骨骼外包裹着坚韧的骨膜，其内部则含有一定比例的脂

肪，脂肪含量因骨骼位置不同而差异较大，通常占骨骼重量的 3%～27% 不等。

在工业生产中，骨骼组织通常被用来提炼骨油，而骨髓是骨油提取的重要原料。此外，骨骼还在肉制品加工的某些工艺中作为一种原材料被利用，比如用于制作骨汤或胶原蛋白提取物。骨骼组织的形态和分布会影响肉类胴体的整体结构和经济价值。理解骨骼的结构特点，有助于提高肉制品加工过程中的资源利用效率。

二、冷鲜肉的低温保鲜技术

（一）肉的冷却保鲜

肉的贮藏保鲜技术是研究食品在贮藏过程中物理特性、化学特性和生物特性的变化规律，这些变化对食品质量及其保藏性的影响，以及控制食品质量变化应采取的技术措施的一门科学。

1. 肉的冷却贮藏原理

肉类在屠宰后处于高温和高湿环境，适合微生物繁殖和酶的活性增强，这些因素会迅速导致肉质变质和腐败。因此，及时冷却贮藏对保持肉类的新鲜至关重要。冷却过程的基本目标是将胴体内部最厚部位的温度降低至 0～4 ℃，抑制大部分嗜温微生物的生长和肉内酶的过度活化。肉的冷却使其逐渐失去表面水分，变得干爽，减少了病菌滋生的条件。冷却后的肉通常在 0 ℃左右的环境下进行短期贮藏，以确保肉的品质保持在较高水平。

在冷却过程中，温度的控制是核心问题。肉类的冰点大致在 −1.2～−0.8 ℃之间，但在 0～1 ℃ 的范围内，肉中的水分不会冻结，同时能够有效抑制大部分腐败微生物的活性。然而，嗜低温细菌仍可能在这一温度下存活并缓慢生长，因此冷却肉的贮藏期一般较短，大约为 1 周。随着时间的延长，虽然微生物的增殖较慢，但逐渐积累的细菌数量也会对肉质产生影响。因此，冷却贮藏虽然是保持肉质新鲜的有效手段，但其贮藏时间有限，需要在适当的时间内进行消费或进一步加工。

2. 冷却过程中的肉质变化

肉的冷却贮藏不仅影响肉类的保存期，还对肉质的感官属性，如颜色、风味和柔软度等产生显著影响。刚屠宰的肉由于含有较高的水分和未释放的肌糖原，通常呈现出较深的红色或紫红色。随着冷却的进行，肉内的酶和化学反应逐渐使其颜色变为更为柔和的鲜红色，这一过程被称为"肉的成熟"。在此过程中，肌肉中的糖分逐渐分解，产生的乳酸导致肌肉纤维中的蛋白质结构发生变化，从而使肉质更加柔软，适口性更好。

冷却还影响肉的风味和香气。随着肉类成熟，蛋白质和脂肪的逐步分解生成了挥发性香味物质，这些物质赋予了肉类特有的香气，尤其是在高档肉制品的生产中，这一过程显得尤为重要。冷却肉通常用于生产如牛排、猪排等高档肉类产品，其细腻的质地和优质的风味使其在现代市场中颇受欢迎。

3. 冷却贮藏对肉中微生物和酶活性的影响

微生物和酶的活性是影响肉类贮藏期和安全性的关键因素。在肉类的冷却贮藏过程中，温度的降低显著抑制了大多数嗜温细菌的生长，而嗜低温细菌在接近 0 ℃的环境下仍能以较慢的速度繁殖。虽然这些细菌不会在短期内显著影响肉质，但随着贮藏时间的延长，它们的累积效应会导致肉质的变质。此外，低温同样抑制了肉体内的酶活性，使蛋白质、脂肪和糖类的分解过程减缓，从而延缓了肉类自溶和腐败的发生。

然而，肉类中某些酶的活性并不会完全停止。例如，肌肉中的蛋白酶和脂肪酶在低温下仍有少量活性，它们参与了肉类成熟过程中蛋白质和脂肪的分解，促成了肉质风味的改善和嫩化。因此，冷却贮藏不仅仅是保鲜的手段，同时也是肉类产品质量提升的必要过程之一。

（二）肉的冻结保鲜

肉经过冷却后（温度 0 ℃以上）只能作短期贮藏。如果要长期贮藏，需要对肉进行冻结，即将肉的温度降低到－18 ℃以下，肉中的绝大部分水分（80%以上）形成冰晶，该过程称为肉的冻结。

1. 肉的冻结过程

肉的冻结过程是一个复杂的物理变化过程，涉及细胞内外水分的冻结动态。在冻结初期，肌细胞间的水分结冰，伴随出现过冷现象，这是由于细胞间的蒸汽压低于细胞内的蒸汽压，同时由于细胞间盐类浓度较低，冰点较高，因此水分先在细胞间形成冰晶。随着温度进一步下降，冰晶的周围溶液浓度上升，导致细胞内的水分逐渐通过渗透压向细胞外扩散，并在冰晶附近聚集，促使冰晶不断增大，最终形成较大的冰颗粒。当温度持续下降至足够低时，细胞内的液体也会发生冻结，形成冰结晶。

在肉类加工过程中，冻结速度是影响肉质的关键因素。根据冻结时间的长短，可将其分为快速冻结、中速冻结和慢速冻结。通常，在实际生产中，若将中等肥度的猪半胴体从 $0 \sim 4\ ℃$ 冷却至 $-18\ ℃$ 的时间在 24 小时以内，则视为快速冻结；24 小时至 48 小时为中速冻结；超过 48 小时则为慢速冻结。

不同的冻结速度对肉的品质产生不同的影响。慢速冻结时，肉处于最大冰晶生成带（$-1 \sim -5\ ℃$）的时间较长，导致细胞内大量水分向细胞外渗透，造成冰晶体的不断增大，同时水分转化为冰时体积增加，导致肌细胞发生机械性损伤。这种情况下，肉在解冻时会出现大量汁液流失，影响其质地和口感。相较之下，快速冻结能够使温度迅速下降，较快通过最大冰晶生成带，细胞内外水分几乎同步冻结，形成的小而均匀的冰晶颗粒，这有效减少了解冻时的汁液流失，保持了肉的原有质感。

2. 肉的冻结方法

肉的冻结方法通常可分为一次冻结和二次冻结两种工艺，这两种方法在操作流程和对肉质的影响上各有特点。

一次冻结是指宰后鲜肉不经冷却，直接送入冻结间进行处理。冻结间的温度通常保持在 $-25\ ℃$，风速在 $1 \sim 2\ m/s$ 之间，整个冻结过程持续 $16 \sim 18$ 小时，当肉体深层温度达到 $-15\ ℃$ 时，冻结过程即告完成。此时，冻结好的肉被转移至冷藏间进行贮藏。相较于二次冻结，一次冻结的工艺流程相对简单，可以缩短约 40% 的加工时间，减少搬运操作，同时提高冻结间的利用率，

并减少干耗损失。然而，因其冷却方式较为直接，对于对冷收缩敏感的牛肉和羊肉而言，可能会引发冷收缩和解冻僵直等现象，因此在某些国家不推荐对牛肉和羊肉采用一次冻结方式。

二次冻结则采取了先冷却后冻结的方式。宰后鲜肉首先送入冷却间，在 0～4 ℃的温度下进行 8～12 小时的预冷处理，之后再转移至冻结间，在 −25 ℃的环境下进行 12～16 小时的冻结操作。相较于一次冻结，二次冻结能够更好地控制肉质，避免冷收缩现象的发生，肉质在解冻后保水能力较强，汁液流失较少，肉的嫩度更佳。这使得二次冻结在某些高品质肉类加工中更为普遍。

总体来看，虽然一次冻结在节省时间和提高生产效率方面具有一定优势，但二次冻结由于对肉质的保护作用更为显著，在肉类质量要求较高的生产环节中更具应用价值。

三、冷鲜肉保鲜的贮运管理

冷鲜肉的保鲜在贮运管理中扮演着至关重要的角色，其有效性直接关系到肉类的质量、安全性及市场竞争力。在这一过程中，贮藏环境的温度、湿度以及空气流速是影响冷鲜肉保鲜效果的关键因素。

肉类在冷藏状态下的保鲜时间受到环境温度和湿度的显著影响。为了保证冷鲜肉的品质，冷藏温度通常应控制在 0～4 ℃之间，这一温度范围能够有效抑制大多数微生物的生长。同时，湿度水平应保持在 85%～95%之间，以避免肉类表面的过度干燥，从而保持其水分含量和口感。空气流速方面，推荐保持在 0.1～0.2 m/s 之间，这一流速能够确保冷空气的有效循环，避免冷藏室内形成温差，同时也有助于减少水分蒸发和细菌滋生。

为了延长冷鲜肉的贮藏期，现代贮运管理中广泛采用了一系列保鲜技术，主要如下：

二氧化碳（二氧化碳）气体是一种有效的抑菌手段。二氧化碳具有较强的抑制细菌和真菌生长的能力，尤其是在肉类中高浓度的二氧化碳环境下，

能够显著延缓肉质的变质。同时，抗菌素的使用也成为一种普遍的保鲜方法，这些抗菌剂能够在肉类表面形成保护层，抑制微生物的繁殖，从而延长保鲜期。

紫外线和放射线技术在肉类保鲜中也得到了广泛应用。紫外线可以有效杀灭表面微生物，降低肉类的细菌负荷，而放射线则能够通过破坏微生物的 DNA 结构，进一步提高肉类的安全性和保鲜效果。这些技术通常结合在冷藏环境中使用，以实现最佳的保鲜效果。

臭氧作为一种强氧化剂，在肉类贮藏过程中也显示出其独特的优势。臭氧能够通过氧化作用破坏微生物细胞壁，降低其生存能力，从而实现有效的杀菌和消毒效果。同时，臭氧的分解不会对肉类产生任何有害残留，因而其应用在保鲜领域中受到越来越多的重视。

气态氮的应用是一种有效的保鲜方法。通过用气态氮代替空气作为冷藏介质，可以显著降低氧气浓度，从而减缓肉类中的氧化反应和微生物的生长。气态氮的使用不仅延长了冷鲜肉的保质期，还保持了其色泽和风味，尤其适用于高档肉类产品的贮存。

第三节　水产品的冷藏保鲜技术

水产品的保鲜不仅是确保食品安全的重要环节，也是保持水产品品质、提高经济效益和实现可持续发展的关键因素。因此，研发和应用高效的保鲜技术，对水产业的未来发展具有重要意义。

一、水产品的冷却保鲜

水产品的冷却保鲜，是将水产品温度降低到接近液汁的冰点，从而抑制或减缓水产品体中酶和微生物的作用，使水产品在一定时间内保持良好的鲜度的过程。

（一）水产品的冰冷却法

1. 撒冰法

撒冰法是一种将碎冰直接撒到鱼体表面的冷却方法。这种方法的优点在于其操作简便，同时融化的冰水能够有效清洗鱼体表面，去除细菌和粘液。此外，撒冰法还能有效防止鱼体表面的氧化和干燥现象，从而延长水产品的保鲜时间。在实施撒冰法的过程中，需要特别注意以下方面：

（1）在捕获渔获后，应及时对鱼进行处理，确保迅速清洗鱼体。根据鱼的品种和大小进行分类，及时剔除那些压坏、破腹或损伤的鱼类。同时，必须排除有毒和不可食用的鱼种。对于易变质的鱼，应优先进行处理，尽量避免它们在高温环境中停留过久。

（2）尽快将鱼撒冰并装箱。需要保证冰的数量充足，冰粒应细小，撒冰时要做到均匀，确保冰层覆盖在鱼体之上，避免出现脱冰现象。

（3）融化的冰水需要及时排出。融化的冰水会流下，可能会污染下层的鱼，因此在每层鱼箱之间应放置塑料布或硫酸纸进行隔开。需定期检查融冰水的状态，确保融冰水清澈且无异味，其温度不得超过 3 ℃，若超过此温度，应及时添加冰块。

（4）控制舱内温度。在进货前应对船舱进行预冷，保鲜期间舱底和舱壁应多撒几层冰。舱温应控制在 2 ℃±1 ℃之间。如果船只配备了制冷设备，应避免将舱温降至 0 ℃以下（使用海水冰的情况下，温度不得低于 −1 ℃）。若舱温过低，上层的冰会形成较硬的冰盖，导致鱼体与冰之间无法直接接触，影响冷却效果。

（5）在装舱时，应将不同鲜度的鱼货分别装箱，以免劣质鱼影响优质鱼的品质。

2. 水冰法

水冰法是一种有效的冷却技术，首先通过冰块将淡水或海水的温度降低至适宜的水平（淡水 0 ℃，海水 −1 ℃），然后将鱼类直接浸泡在这些冷却的

水冰中。这种方法的主要优势在于其快速的冷却能力，能够在短时间内集中处理大量的鱼货，确保鱼类的新鲜度和品质。

在应用水冰法时，需要遵循以下事项：

（1）水的预冷。在使用水冰法之前，必须对淡水或海水进行预冷，以确保其温度能够达到理想的标准。淡水的温度应控制在 0 ℃，而海水则应降至 −1 ℃。这样的温度设置能够有效延缓细菌的生长，从而保持鱼类的新鲜度。

（2）水舱的准备。在水舱或水池中应注满适量的水，以防止在处理过程中鱼类因水流动而受到碰撞或擦伤。水的深度应足够，以便为鱼提供足够的空间进行冷却，同时避免鱼体受到物理伤害。

（3）冰的使用。在整个冷却过程中，需要充分使用冰块，确保水面被冰完全覆盖。如果水面上没有形成足够的浮冰，应及时补充冰块，以保持冷却效果的持续性。冰的数量和覆盖程度直接影响冷却的效率和效果。

（4）鱼体的清洗。在将鱼放入冷却水中之前，必须确保鱼体已经彻底清洗干净。这是为了避免将污物或细菌带入冰水中，从而污染整个冷却系统。如果在处理过程中发现冰水受到污染，应立即更换冰水，以确保鱼类的卫生和安全。

（5）冷却时间的控制。鱼体温度在接触水冰后，应在短时间内迅速降至接近 0 ℃。一旦鱼体温度降至此水平，即可将其取出并转移至其他冷却存储方式，比如撒冰保鲜贮藏。这一过程需要精确控制，以避免过度冷却导致鱼肉的质地变化。

通过合理运用水冰法，可以有效地保持水产品的新鲜度和品质，从而满足市场对水产品质量的高要求。这种方法特别适合于大规模的鱼货处理，使得冷却过程更为高效和便捷。

（二）水产品的冷却海水冷却法

冷却海水冷却法是一种有效的水产品保鲜技术，具体操作是将渔获物浸泡在温度保持在 −1～0 ℃的冷海水中。这种方法不仅能迅速降低鱼体温度，

还能延长水产品的保鲜期，从而保持其质量和新鲜度。

在实施冷却海水冷却法时，需要遵循以下事项：

第一，材料准备。需按一定比例准备好冰块、盐和冷却海水。目标是使冷却海水的温度达到 -1 ℃。在准备过程中，要确保冰块的质量和盐的纯度，以达到最佳的冷却效果。

第二，渔获物的处理。在捕获渔获物时，应边将其放入冷海水舱中，边添加预先混合好的冰盐。这一过程需要持续进行，直到舱内充满渔获物。通过这种方式，可以迅速降低鱼体的温度，防止因高温而导致的变质。

第三，舱盖的封闭。将舱盖加上，并注满海水，以防止因海浪摇动船体而引起的舱内海水震荡。这样可以有效避免鱼体之间的碰撞与摩擦，从而减少损伤，提高水产品的整体质量。

第四，循环泵的启动。在确保舱内封闭的情况下，启动循环泵以促使冷海水流动。这一举措不仅可以使舱内各处温度分布更加均匀，同时也有助于冰盐的快速溶解，从而增强冷却效果。

第五，温度控制。当海水的温度成功降至 -1 ℃时，应及时停止循环泵和制冷机组的运转。这一步骤是为了维持舱内的稳定状态，避免不必要的温度波动。

第六，温度监测。如果在之后的操作中发现温度有所回升，须立即重新启动循环泵和制冷机组，以确保舱内水温保持在 -1 ℃左右。这对于维持鱼类的最佳保鲜状态至关重要。

第七，水质管理。在使用过程中，如发现海水中出现大量血污，水质变得较差，应及时排出部分污染的海水，并补充新的经过冷却处理的海水。这一措施能够有效防止渔获物因水质问题而变质，确保水产品的新鲜度和安全性。

冷却海水冷却法的最大优点在于其冷却速度极快，能够在短时间内处理大量的鱼货。此外，该方法操作简便，有效的保鲜效果使其在实际应用中颇具优势。同时，利用吸鱼泵进行鱼货的装卸，可以显著减轻操作人员的劳动

强度，提高工作效率。这使得冷却海水冷却法成为水产品保鲜的重要手段之一。

二、水产品的微冻保鲜

微冻保鲜技术是一种介于非冻结和完全冻结食品之间的冷藏方法。这种保鲜方式通过将食品存放在其细胞汁液的冻结温度以下（大约－3 ℃）来实现轻度冷冻。在这一特定温度下，食品表层的水分处于冻结（微冻）状态，从而能够有效抑制微生物的繁殖和生长。这一方法的优点在于，它比非冻结食品的保藏期稍长，通常用于鱼类或肉类的冷藏运输和短期储存。

（一）水产品冰盐混合微冻

冰盐混合物被广泛认可为一种有效的冷却剂，尤其在水产品的微冻保鲜过程中展现出其独特的优势。当食盐被添加至碎冰中时，盐会迅速溶解于冰块之间的空隙中，产生显著的吸热效应，进而导致冰的温度降低。具体而言，在冰与盐的混合过程中，存在两种主要的吸热现象：首先，冰的融化过程需要吸收融化热，造成周围环境温度的下降；其次，盐在溶解过程中同样会吸收热量，即吸收溶解热。这两种吸热效应的叠加，使得冰盐混合物能够在短时间内吸收大量热量，从而使其温度迅速降低，达到远低于单纯冰的冷却效果。

混合物的温度变化与盐的添加量密切相关。当盐的浓度达到约3%时，微冻温度可有效降至－3 ℃，这对于食品保鲜尤其重要。这一过程不仅有助于延长水产品的保鲜期，还能有效抑制微生物的生长，减少细菌滋生，从而提升水产品的安全性和质量。因此，冰盐混合微冻作为一种低温保鲜技术，具有重要的实用价值和广阔的应用前景。

（二）水产品低温盐水微冻

低温盐水微冻保鲜的操作工艺相对复杂且要求严格，通常包含以下步骤：

首先，在船舱内预先制备浓度为 10～12 波美度①的盐水，随后利用制冷机将盐水降温至 -5 ℃。在这一过程中，渔获物必须经过彻底冲洗，以去除表面污垢及微生物，确保产品的卫生安全。其次，将清洗后的渔获物装入专用的网袋中，并浸入已经准备好的盐水中进行微冻。在这一阶段，盐水的温度可能会因热量的交换而有所回升，因此需在持续监测的情况下，继续冷却盐水至 -5 ℃，此时微冻过程方可结束。在此过程中，鱼体的中心温度通常可降至 -2～ -1.5 ℃之间，这一温度范围适宜于抑制细菌活动并保持鱼体的新鲜度。

完成微冻后的鱼类应及时转移至已预冷至约 -3 ℃的鱼舱中，并在此维持鱼舱的温度在 -3 ℃±1 ℃的范围内，以确保水产品的冷藏效果。此外，为了保障盐水的保鲜效果，每次微冻后都需对盐水的浓度进行检测，必要时补充相应的盐量，以维持其有效性。当盐水受到严重污染时，必须及时更换为清洁的盐水，以避免影响产品质量和安全性。因此，低温盐水微冻不仅是保证水产品保鲜的有效手段，也是维护食品安全的重要措施。

（三）水产品吹风冷却微冻

吹风冷却微冻过程的速度相对较慢，且通常采用的操作方法是将鱼类放入专门设计的吹风式速冻装置中进行处理。在这一过程中，冷却的时间受到多种因素的影响，包括空气的温度、鱼体的大小以及不同品种的特性等。当鱼体表面的微冻层厚度达到 5～10 mm 时，可以有效地停止冷却。这一阶段，表面微冻层的温度应控制在 -5～-3 ℃之间，而鱼体深层的温度则处于 -1～0 ℃的范围内，此时尚未出现冰晶的形成，能够有效保持鱼肉的质地和鲜度。

在微冻过程完成后，需将微冻的鱼类装箱，并将其放置在温度控制为 -3～-2 ℃的冷藏室中，以进一步进行微冻保鲜。这一环节的设计旨在确保水产品在存储过程中保持适宜的温度，从而延长其货架期和食用价值。因此，

---

① 波美度（°Bé）是表示溶液浓度的一种方法。把波美比重计浸入所测溶液中，得到的度数就叫波美度。

吹风冷却微冻作为一种冷冻保鲜技术，具有良好的适应性和可操作性，是确保水产品质量的重要保障措施。

三、水产品的盐藏保鲜

盐藏保鲜技术是一种历史悠久的传统方法，尤其在沿海渔民中被广泛应用于海水鱼的保鲜。这一技术的核心原理在于利用食盐溶液的渗透脱水效应，通过降低鱼体内的水分含量，来抑制微生物的生长和酶的活性。微生物在其生长和繁殖过程中通常需要 50%以上的水分，因此，通过减少水分，可以有效地破坏微生物和酶的活性，从而达到延长水产品保鲜期的目的。这种保鲜方法不仅简单易行，而且在资源匮乏的情况下也能有效延长鱼类的货架期，提高食品的安全性和口感。

盐藏保鲜的方法主要分为三种：干腌法、湿腌法和混合腌法。

第一，干腌法。干腌法是一种经典的盐藏保鲜方式，主要依靠固体食盐与鱼体析出的水分形成盐溶液。在这一过程中，固体食盐与鱼肉直接接触，食盐逐渐渗透入鱼体，吸收其内部水分。随着水分的减少，鱼体的水分活度降低，这一变化有效地抑制了微生物的繁殖，延长了鱼的保存时间。干腌法的优点在于操作简便且成本较低，适合家庭及小规模渔民进行处理。

第二，湿腌法。湿腌法则是将鱼体首先放入盐仓中，然后加入预先配制好的过饱和食盐溶液进行盐渍保鲜。该方法的主要优势在于盐分可以均匀地渗透到鱼体的各个部位，有效避免了因局部盐分不足而导致的腐败问题。在湿腌法中，盐水的浓度、温度以及腌制时间都是影响鱼类保鲜效果的重要因素。通过合理的调配和控制，可以显著提升鱼类的风味和保质期。

第三，混合腌法。混合腌法则是将干腌法与湿腌法有机结合，旨在发挥两种方法各自的优势。这种方法通常是在鱼体表面撒上一层干盐后，再将其浸泡在盐水中，形成双重保鲜机制。混合腌法不仅可以提高鱼类的风味，还能进一步增强其保鲜效果，使鱼体在口感和质地上都能更好地得到保留。

第五章　加工食品的贮藏保鲜技术应用研究

随着食品加工技术的不断进步，各类加工食品在市场上的需求日益增长，而如何有效贮藏保鲜这些食品，确保品质与安全，成为当前食品工业面临的重要课题。本章针对加工食品的不同类型，分别介绍了干制品、腌制品、罐藏制品及速冻制品的贮藏保鲜技术，详细阐述了各种技术的原理及方法。

第一节　干制品的贮藏保鲜技术

干制，也称干燥、脱水，是指在自然或人工控制的条件下促使食品中的水分蒸发，脱出一定水分，而将可溶性固形物的浓度提高到微生物难以利用的程度的一种加工方法。干制的食品包括蔬菜制品，果干制品，干鱼、贝类制品，干燥肉，干野菜，谷类制品，蛋制品等。

一、食品干制的目的与优点

食品干制的主要目的是通过减少食品中的水分，使微生物难以在高浓度的可溶性物质中生长和繁殖，从而延长食品的贮藏期。同时，干制过程能够提升食品的加工质量，赋予产品独特的风味。食品的干制，尤其是果蔬的干制，在我国具有悠久的历史。古代人们通过日晒方式进行自然干制，这种方法在早期极大地延长了食品的保存时间。随着技术的进步和社会的发展，人工干制技术得到了显著提升，不仅在技术层面上不断完善，而且在设备和工

艺方面也取得了突破性进展。

干制是一种既经济又大众化的加工方法，其优点如下：

第一，干制设备种类多样，既可以采用简易设备，也可以使用复杂设备，技术要求相对较低，操作简便，生产成本较为低廉，并且能够因地制宜地进行生产加工。

第二，干制品的水分含量较少，在有良好包装条件下，保存时间较长。其体积小、重量轻，便于携带、运输和贮藏。

随着干制技术的不断发展，干制品的质量得到显著提升，食用更加方便，因此在多个领域发挥着重要作用。无论是在勘测、航海，还是旅游、军需等方面，干制品因其便捷性和耐储性，成为这些领域的重要补给品。

二、食品干制的影响因素

干制过程就是水分的转移和热量的传递，即湿热传递，影响这一过程的因素主要包括干制条件（由干燥设备类型和操作状况决定）以及干燥物料的性质。

（一）干制条件的影响

1. 温度

在空气作为干燥介质的条件下，温度的提高可以显著加快干燥过程。温度的升高会导致传热介质与食品之间的温差增大，使得热量向食品传递的速率加快，从而促进食品中水分的外逸速度。与此同时，空气在相对湿度一定的情况下，随着温度的升高，空气的相对饱和湿度下降，增加了食品表面水分扩散的动力。此外，温度的上升还会加速食品内部水分的扩散速率，使得整体干燥速率提高。然而，温度并非干燥过程中的唯一决定因素。当水分以水蒸气形式从食品内逸出时，食品表面会形成饱和水蒸气层，若不及时将其移除，将会阻碍进一步的水分蒸发。因此，在空气作为干燥介质的条件下，如果表面的水蒸气无法迅速排出，温度的进一步提高对干燥速率的影响将会

显著减弱。

2. 空气流速

加快空气流速可以提高干燥的效率，这是因为热空气相较于冷空气能够容纳更多的水蒸气，因而能更有效地吸收食品中的水分。更为重要的是，快速流动的空气能够及时将食品表面附近的饱和湿空气带走，从而防止其阻碍食品内水分的进一步蒸发。与此同时，空气流速的增加也意味着与食品表面的接触空气量增多，这进一步加速了食品中水分的蒸发过程。因此，适当提高空气流速在干燥过程中具有显著的作用。

3. 空气相对湿度

在以空气为干燥介质的脱水过程中，空气的相对湿度直接决定了食品的干燥速率。相对湿度越低，食品中的水分蒸发越快，干燥过程也越迅速。原因在于干燥空气有更强的吸湿能力，能够迅速吸收食品中蒸发出的水分。而当空气接近饱和时，其吸湿能力明显下降，导致食品的干燥速度减缓。饱和湿空气几乎无法继续吸收食品蒸发出的水分，从而大大降低了干燥的效率。此外，食品的最终含水量还取决于空气的湿度，因为食品的水分含量会与环境空气的湿度达到平衡状态。相对湿度越低，食品最终能达到的干燥程度也越大。在以空气为干燥介质的脱水过程中，空气的相对湿度直接决定了食品的干燥速率。相对湿度越低，食品中的水分蒸发越快，干燥过程也越迅速。原因在于干燥空气有更强的吸湿能力，能够迅速吸收食品中蒸发出的水分。而当空气接近饱和时，其吸湿能力明显下降，导致食品的干燥速度减缓。饱和湿空气几乎无法继续吸收食品蒸发出的水分，从而大大降低了干燥的效率。此外，食品的最终含水量还取决于空气的湿度，因为食品的水分含量会与环境空气的湿度达到平衡状态。相对湿度越低，食品最终能达到的干燥程度也越大。

4. 大气压力和真空度

气压会改变水的平衡状态，进而影响干制效果。在真空干燥条件下，由于空气的蒸汽压下降，干燥速度在恒速阶段会加快。同时，气压的降低还会

导致水的沸点下降，这意味着在较低温度下水分就会开始沸腾，进一步加快水分的蒸发速度。然而，真空干燥的效果在一定程度上取决于水分的转移过程。如果食品内部的水分转移成为干制过程中的限制因素，那么即使在真空条件下，干燥速率也不会显著提高。因此，真空干燥对干制的整体影响需要综合考虑食品的内部结构和水分传导特性。

（二）干燥物料性质的影响

物料的性质对干燥过程的效率和效果具有显著影响。不同物料的特性决定了水分迁移的难易程度，从而影响干燥速度和干燥效果。

第一，表面积。物料的表面积是影响干燥速率的重要因素之一。食品内部水分子的迁移距离直接决定了干燥速度，颗粒较小、薄片状的物料由于表面积较大，水分更容易从其内部迁移至表面，因此干燥速度较快。表面积的增大能够促进水分蒸发，缩短干燥时间。

第二，组分定向。食品内部水分的迁移在不同方向上存在差异，这与物料的组分定向密切相关。某些食品的细胞结构使得水分在特定方向上更易迁移。例如，芹菜的细胞结构沿长度方向的干燥速度要远高于横向穿过细胞结构的干燥速度。在肉类蛋白质纤维结构中，也存在类似的现象，即沿纤维方向的干燥速度较快。这种定向性的差异影响了干燥过程中的水分迁移速率。

第三，细胞结构。食品的细胞结构对干燥过程的影响较为显著。一般来说，细胞间隙中的水分比细胞内的水分更容易被除去。这是由于细胞内部水分与细胞膜之间的相互作用较强，限制了水分的迁移。因此，在干燥过程中，细胞间隙中的水分优先被蒸发，而细胞内水分则需要更长的时间才能被完全除去。

第四，溶质的类型和浓度。溶质的种类和浓度对食品中水分的迁移速率具有直接影响。溶质与水分子之间的相互作用会抑制水分的迁移，从而降低干燥速度。溶质浓度越高，水分与溶质之间的结合越紧密，水分的转移速率就越低，干燥过程也因此变得更加缓慢。

三、食品干制工艺条件的选择

第一，在干制过程中，需使食品表面的蒸发速率尽量与内部水分的扩散速率相等。过大的蒸发速率会导致表层迅速干燥，从而形成温度梯度，使得内部水分难以向外扩散，形成干硬膜，影响食品品质。特别是在导热性较差的食品中，温度梯度的出现将严重阻碍水分的扩散。因此，当面临此类问题时，建议降低空气温度和流速，并适度提高空气的相对湿度，以促进内部水分的有效迁移。

第二，在恒速干燥阶段，为了加快水分的蒸发速度，应在保证食品表面蒸发速率不超过内部水分扩散速率的前提下，尽量提高空气温度。此时，提供的热量主要用于水分的蒸发，物料表面温度应保持在湿球温度。这一阶段的有效控制能显著提高干燥效率，减少干燥时间。

第三，进入降速干燥阶段后，需要逐步降低表面蒸发速率，以使其与逐渐降低的内部水分扩散速率保持一致。过高的蒸发速率会导致食品表面过度受热，从而影响产品的整体品质。为此，可以通过降低空气温度和流速，或者提高空气相对湿度（如引入新鲜空气）来进行调控。在控制干燥介质温度时，确保食品温度上升到干球温度时不超出糖分焦化的极限温度（一般为90 ℃），是防止品质劣变的关键。

第四，在干燥的最后阶段，干燥介质的相对湿度应根据预期干制品的水分进行选择。通常，应达到与当时介质温度和相对湿度条件相适应的平衡水分。如果干制品的水分低于此平衡水分，需降低空气相对湿度，以实现最终干制品所需的水分含量。通过精确调整相对湿度，可以确保干制品达到预期的质量标准。

四、食品干制过程中发生的变化

（一）物理变化

食品干制时常出现的物理变化有干缩、干裂，表面硬化，物料内部多孔

性的形成和热塑性的出现。

1. 干缩、干裂

在食品干制过程中，干缩与干裂现象是常见且显著的变化，直接影响了食品的质量和储存性能。细胞在失去活力后，尽管仍能在一定程度上保持原有的弹性，但当受到过大外力时，其弹性极限将被超越，导致无法恢复到原有状态。干缩正是物料失去弹性时发生的变化，主要分为均匀收缩和非均匀收缩两种形式。

（1）均匀收缩。均匀收缩是指物料在全面、均匀失去水分的过程中，随水分的消失而进行线性收缩。此时，物料的大小按比例均衡收缩，从而使其结构更加致密，并降低干燥的难度。以挂面为例，由于其复水速度较慢，因此在干制过程中能够有效节省包装材料及储运费用，展现出良好的经济效益。

（2）非均匀收缩。非均匀收缩是由于高温和快速干燥导致的现象。在这一过程中，食品表层在内部中心尚未干燥之前便已经干硬。当中心的水分继续蒸发并收缩时，表层干硬膜与内部物料之间的干燥膜脱离，形成内裂、孔隙和蜂窝状结构。以方便面为例，其虽容易吸水且复原迅速，与物料的原状相似，但由于其内部多孔，易于氧化，从而导致储藏期缩短，包装和储藏费用随之增加。

2. 表面硬化

表面硬化是食品干制过程中表面收缩和封闭的一种特殊现象。当干制速率较大时，物料内部的水分未能及时转移至表面，进而迅速形成一层低渗透性的干燥薄膜。此薄膜的形成将大部分残留水分保留在食品内部，导致干燥速率急剧下降，从而影响最终的干燥效果。

在块片状和浆质态食品中，内部通常存在大小不一的气孔和裂缝。水分通过这些微孔和裂缝上升，其中一部分能够到达物料表面并蒸发，从而造成溶质在食品表面的残留现象。在干制初期，某些水果表面可能会积累含糖的黏质渗出物，这主要是由于内外水分转移不畅所致。这些渗出物能够封闭正在收缩的微孔和裂缝，进一步加速表面的硬化。

在应对表面硬化的过程中，若能降低食品表面的温度，使其缓慢干燥，通常能够有效延缓硬化现象的发生。通过适当调整干燥条件，可以促进内部水分的转移，并保持食品的整体品质。因此，针对干缩、干裂与表面硬化现象的深入探讨，有助于优化食品干制过程，提升食品的贮藏性能与经济价值。这些现象不仅反映了干制技术的复杂性，也为未来的研究与应用提供了重要的理论基础。

3. 物料内部多孔性的形成

快速干燥时，物料表面因水分迅速蒸发而硬化，内部蒸汽压力的迅速降低，使得物料内部发生气泡形成，从而促进了多孔性制品的产生。同时，某些食品在加工过程中加入的发泡剂经过搅打形成稳定的泡沫状液体或浆质态，经过干燥后也可形成多孔性结构。此外，在真空干燥条件下，由于高度真空环境使得水蒸气迅速蒸发并向外扩散，物料内部同样会形成多孔性结构。这种多孔性不仅影响食品的质地，还提高了其在复水过程中的效率，使得多孔性制品在水分再吸收时能够迅速复水，恢复其原有的质感和风味。

4. 热塑性的出现

热塑性物料是指在加热时能够软化并在冷却后重新硬化的物料。许多食品，尤其是糖分含量较高的果蔬汁，均属于这一类。例如，橙汁在坩埚中经过干烧后，尽管水分已经完全蒸发，但残留的固体物质仍表现出热塑性的特征，呈现出黏稠的状态，难以从坩埚中取出。当其冷却后，固体物质则会硬化成结晶体，从而变得易于取下。这一特性在干燥设备的设计中具有重要意义，因此，许多干燥设备内部通常设置有冷却区，以防止物料因热塑性特征而造成取出困难。通过对热塑性物料的有效管理，可以在干燥过程中优化产品质量，确保在干燥后仍能方便地进行后续处理与包装。

（二）化学变化

1. 营养物的损失

由于食品脱水后水分的大幅减少，残留物中的营养成分浓度相对增加。

然而，不同种类的营养物质在干制过程中的损失程度各异，其中包括蛋白质、矿物质、碳水化合物、脂肪和维生素。

（1）蛋白质、矿物质。由于蛋白质是一种较为稳定的分子，其结构在常规干制条件下不易被破坏，因此其含量变化不大。而矿物质作为无机物质，受温度和水分变化的影响较小，在脱水干制后，其在食品中的含量基本维持稳定。这使得干制食品在保持基本营养成分方面仍具有一定的优势。

（2）碳水化合物。碳水化合物在干制过程中容易受到影响，特别是在高温加热的条件下，碳水化合物含量较高的食品极易发生焦化反应。在干制初期，由于食品呼吸作用的进行，糖分逐渐被分解。同时，糖类物质与氨基酸发生美拉德反应，导致食品表面出现褐变现象。尤其在果蔬类食品中，碳水化合物含量较为丰富，这一变化可能导致其品质下降，产生变质风险和营养成分的损耗。相比之下，动物制品中的碳水化合物含量较低，因此受到的影响较小。

（3）脂肪。脂肪在食品干制过程中也会经历不同程度的变化。尤其在高温条件下，脂肪更容易发生氧化反应，导致食品中的脂肪酸被破坏，从而影响食品的风味和营养价值。脂肪氧化是一个常见问题，特别是在高温脱水干制时，其氧化程度比低温干制更为严重。为了减少脂肪的氧化，通常在干制过程中加入抗氧化剂，以延缓脂肪的氧化进程，从而保持食品的质量和营养。

（4）维生素。维生素是干制过程中损失最为显著的营养成分之一。尤其是维生素 C 等水溶性维生素，在高温和氧气的共同作用下，极易被氧化，导致其含量大幅减少。此外，预煮和酶钝化处理虽然能够提高食品的贮藏稳定性，但同时也会导致维生素的损失。这意味着干制食品在维生素含量上往往不及新鲜食品，消费者在食用时需要通过其他方式补充维生素的摄入。

2. 色泽变化

食品在干制过程中，色泽的变化是一个复杂且多因素共同作用的过程，涉及天然色素的降解、酶促反应和非酶反应等多个方面。天然色素如花青素和叶绿素在干制时往往会发生显著的变化。花青素在干燥过程中容易变色，

而叶绿素则由于其化学结构的改变，从原本的绿色逐渐转变为脱镁叶绿素，呈现出橄榄绿色。这些色素变化会影响干制食品的外观，进而影响其感官品质和市场接受度。

食品干制过程中常见的褐变现象同样是色泽变化的重要组成部分，主要由酶促褐变和非酶促褐变两类反应引发。酶促褐变主要源自植物组织受损后内部酚类化合物的氧化。组织受损后，氧化酶如多酚氧化酶或酪氨酸酶会将多酚类物质氧化，生成有色色素，导致食品褐变。为了防止此类褐变的发生，常需在干制前进行酶钝化处理。通过热处理如预煮或巴氏杀菌，或使用硫处理来破坏酶的活性，可以有效延缓褐变的进程。这类钝化处理必须在干制前进行，因为干制过程中通常的温度不足以彻底灭活酶，并且热空气的应用可能进一步加剧褐变反应。

另外，非酶性褐变反应在干制过程中至关重要。最常见的非酶褐变反应包括糖分的焦糖化反应和美拉德反应。这些反应通常发生在水分含量为10%～15%的阶段，这时食品中的糖类和氨基化合物会发生复杂的化学反应，生成褐色色素，导致食品的色泽加深。为了减少此阶段的非酶褐变，干制工艺应尽量缩短食品在该水分含量区间的停留时间，以避免过度褐变。此外，硫熏处理可以有效延缓美拉德反应的发生，低温储存也能够显著降低美拉德反应的速率，从而保持食品的色泽稳定性。

3. 风味变化

食品风味的变化源自多种因素的综合作用，主要包括挥发性物质的损失、加热引发的异味产生、脂类物质的氧化酸败以及酶促反应所导致的风味转变。

（1）干制过程中的物理力作用。在食品脱水过程中，水分的去除不仅带走了大部分的水分，也同时带走了许多挥发性物质。这些挥发性物质是食品原有风味的重要组成部分，它们的减少会使食品失去原有的香气和风味特性。这种挥发性物质的损失在干制过程中是普遍存在的，因此，食品在干制后常常出现风味变淡或缺失的现象。

（2）加热。在高温干制过程中，食品会出现煮熟味或异味。这种异味的

产生主要是由于食品中某些化学物质在高温下发生反应，如美拉德反应和焦糖化反应，生成了新的化合物，这些化合物可能带来令人不愉快的气味。此外，加热还可能破坏食品中的芳香成分，进一步导致食品风味的改变。

（3）脂类物质的氧化酸败。食品中的脂肪在干制过程中，特别是高温干制下，容易发生氧化反应。氧化后的脂类物质不仅丧失了其原有的风味，还会产生异味。这种脂肪酸败不仅影响食品的风味，还会对其营养价值产生负面影响。

五、食品干制的主要方法

（一）晒干及风干

1. 晒干

晒干是一种历史悠久的食品干制方法，依赖自然环境的条件，特别是阳光与风的协同作用。其过程主要通过太阳辐射提供的热量，将食品内部的水分蒸发出去。具体来说，食品在阳光下温度升高，导致内部的水分由内向外逐渐迁移，最后通过表面蒸发进入空气中。这一过程的蒸发速度很大程度上取决于周围空气的湿度和风速，空气越干燥、流动性越强，蒸发越快。因此，晒干在干燥条件良好的环境下，效率相对较高，特别是在气候干燥、阳光充足的地区，晒干成为最为经济、易操作的干制方式。

晒干方式的最大优点在于无须复杂的机械设备，成本低廉，特别适合于家庭或小规模食品加工企业。然而，这种方法的缺点同样显著：① 晒干过程对气候条件依赖性较强，天气的变化会直接影响干燥效果。例如，阴天或多雨天气会延长干燥时间，甚至导致食品变质。② 由于晒干过程中无法精确控制温度和湿度，导致干燥时间和食品最终水分含量存在不确定性，这对某些需要严格控制水分的食品类别来说，存在一定风险。③ 暴露于外界环境中的食品容易受到灰尘、昆虫或其他污染物的侵害，降低食品的卫生质量。因此，尽管晒干方式简单易行，但在大规模生产或对食品质量要求较高的情况下，

其局限性明显。

2. 风干

风干原理是通过蒸发水分达到干燥的目的，但其主要动力来自空气的对流作用，而非太阳辐射。在风干过程中，空气流动速度的增加显著加快了食品表面的水分蒸发。与晒干相比，风干的优势在于不完全依赖阳光，可以在相对阴凉的环境中进行，特别适用于那些不宜暴露在强光下的食品，如肉类和鱼类等。

风干的效果在很大程度上取决于风速及空气的相对湿度。高风速有助于带走蒸发的水分，促进干燥过程，但过高的风速也可能导致食品表面过快干燥，形成干硬的外壳，阻碍内部水分的进一步蒸发。因此，在实际操作中，需要选择适宜的风速和环境条件以获得均匀的干燥效果。

风干技术常用于肉类、鱼类等高蛋白质含量食品的加工，这些食品在风干过程中能保留较好的风味和质地。同时，风干过程中食品的颜色变化相对较小，能够较好地保持其原有的色泽。这种方法在气候条件适宜的地区尤为普遍，尤其是在农牧业发达的区域，风干成为保存食品的一种主要手段。

（二）空气对流干燥

1. 空气对流干燥的阶段

空气对流干燥是一种现代食品工业中常见的干燥方法，广泛应用于果蔬、肉类等固态食品的加工。其核心原理是通过热空气的循环流动，将食品中的水分迅速蒸发，从而达到干燥效果。在整个干燥过程中，热空气不断与食品表面接触，为水分的蒸发提供热量，同时，蒸发产生的湿气也通过空气流动排出系统之外。该过程通常分为两个主要阶段，即恒速干燥阶段和降速干燥阶段，这两个阶段分别对干燥效果和食品质量产生不同的影响。

（1）恒速干燥阶段。在恒速干燥阶段，食品表面的水分蒸发速率较快，表面温度通常与空气温度接近。这一阶段的干燥速率主要取决于空气的温度、湿度和流速。由于食品内部的水分通过毛细作用迅速向表面迁移，表面始终

保持湿润状态，水分蒸发过程得以持续进行。因此，恒速干燥阶段的效率较高，是整个干燥过程中时间最短但最为关键的部分。在此过程中，热量的提供需要充足而均匀，以确保食品表面水分的有效蒸发，同时避免局部过热。

（2）降速干燥阶段。随着食品含水量的逐步降低，干燥进入降速阶段。此时，食品表面的水分逐渐减少，蒸发速率减缓，热量的控制变得尤为重要。在这一阶段，食品表面温度可能超过空气温度，且水分由内部向表面迁移的速度降低。过高的温度会导致食品表面硬化，形成"干硬膜"，从而阻碍内部水分的进一步蒸发。这种表面硬化现象会影响最终产品的质量，因此在降速干燥阶段，需要通过适当调节空气温度和湿度，确保干燥的均匀性和食品的最终品质。

2. 空气对流干燥的设备

（1）柜式干燥设备。柜式干燥设备是一种间歇式的干燥设备，适合于小批量、高附加值食品的干燥。这种设备操作简便，但干燥效率相对较低，适合于果蔬等对温度敏感、需要精细控制的食品加工。柜式干燥设备的优势在于其灵活性，适用于多种不同类型的食品，但由于其为间歇式操作，难以满足大规模生产的需求。

（2）隧道式干燥设备。隧道式干燥设备是一种连续式的干燥装置，具有更高的生产效率，特别适用于大规模工业化生产。隧道式干燥设备的设计理念是让湿物料通过干燥室，并与流动的热空气进行热交换，从而实现高效的干燥效果。隧道式干燥设备根据操作方式的不同，可分为顺流式和逆流式两种形式。顺流式设备中，湿物料首先与高温热空气接触，水分迅速蒸发，干燥过程较为快速；而在逆流式设备中，湿物料与低温湿空气先接触，干燥速度较慢，但能有效避免物料表面硬化，从而保证干燥效果的一致性。

（三）输送带式干燥

输送带式干燥设备作为一种高度连续化的干燥方式，在现代工业生产中得到广泛应用。该设备通常由多层输送带构成，其主要特点是能够在物料通

过多层输送带时实现均匀干燥。干燥过程中，物料会不断翻动，这一特点使得物料可以充分与热空气接触，从而确保干燥的均匀性与效率。与传统干燥方法相比，输送带式干燥能够显著节约空间，并有效提升生产效率，尤其适用于大规模工业化的连续生产。无论是块状、颗粒状食品，还是其他形态的物料，这种干燥技术都能灵活应对。

第一，多层输送带结构。这种设计不仅节省了空间，更加优化了干燥效率。物料通过不同层次的输送带时，能够在不同温度和空气流速下被处理，从而使整个干燥过程更加均匀、迅速。相较于单层输送带，物料能够在多层中得到充分翻动，避免了局部过热或干燥不均的情况。这样多层的设计，特别适合处理批量大、形态复杂的食品物料。不同种类的物料可以通过多层的输送带在不同条件下实现最优干燥效果。

第二，输送带式干燥设备操作参数的灵活性。在干燥过程中，操作人员可以根据不同食品的特性，调整温度、风速、湿度等参数，以适应不同的干燥需求。例如，块状食品需要较慢的风速和较高的温度来保证内部干燥，而颗粒状食品则更适合较快的风速，以确保每个颗粒都能充分干燥。这种灵活的调整能力，使得输送带式干燥设备具有广泛的适应性，不论是对生鲜食品还是加工食品，都能够提供合适的干燥解决方案。

输送带式干燥设备特别适用于大规模的工业化生产。由于其可以进行连续化的干燥操作，生产过程无须中断，能够极大地提高生产效率。对食品行业来说，这种设备在干燥块状、颗粒状食品中表现尤为出色，如干果、蔬菜片、饼干、糖果等食品的干燥都可以通过此设备来实现。食品在干燥过程中，其水分被逐渐蒸发，保持了产品的质地和风味。干燥后的食品不易变质，能够延长其贮藏期，这也是该技术在食品加工领域受到青睐的原因之一。

（四）气流干燥

气流干燥是一种高效的食品干燥技术，其主要通过高速气流将粉状或颗粒状食品悬浮在空气中，以实现快速干燥的目的。这种技术以其高效、快速

的干燥特点，广泛应用于食品加工行业。气流干燥过程不仅速度快、热效率高，还能最大限度地保持食品的营养成分和品质，因此成为食品干燥领域中不可忽视的重要技术之一。

1. 气流干燥的基本原理

气流干燥的工作原理基于空气高速流动对食品水分的快速蒸发作用。具体而言，气流干燥设备会产生高速气流，将粉状或颗粒状食品迅速悬浮在空气中，并通过高速气流与物料的直接接触，使食品中的水分快速蒸发。这一过程中，气流与食品之间形成了较大的热量和物质交换面积，从而显著加快了干燥速度。气流干燥的一个显著特点是干燥时间短，通常在几秒钟内完成，特别适用于水分含量较低的食品。

2. 气流干燥的核心优势

气流干燥技术的核心优势在于其高效的干燥速度和较低的品质损失。由于干燥时间极短，食品的营养成分和色泽在干燥过程中得以较好地保留，避免了长时间加热导致的营养流失和色泽变化。此外，气流干燥所需的设备结构相对简单，占地面积较小，易于安装和操作。这些特点使得气流干燥在食品加工行业中具有极高的应用价值。

3. 气流干燥的适用范围

气流干燥技术最适合用于水分含量较低的食品，如奶粉、谷物、淀粉等颗粒状或粉末状食品。由于这类食品的水分含量较少，且干燥要求较高，气流干燥能够在短时间内完成干燥过程，同时确保食品的物理性状和化学成分不受显著影响。此外，气流干燥还广泛应用于制药、化工等领域中需要快速干燥的粉末状物料。

4. 气流干燥的设备设计

气流干燥设备的设计注重结构的简化和干燥效率的提高。典型的气流干燥设备包括风机、加热器、干燥管道和分离器等核心部件。物料通过进料口进入干燥设备后，在风机的作用下迅速与加热空气混合，并在干燥管道中完成水分蒸发。随后，干燥后的食品通过分离器进行气固分离，得到干燥成品。

设备占地面积小，且维护相对简单，适合大规模连续性生产。

5. 气流干燥的技术发展

随着食品加工行业对干燥技术要求的不断提高，气流干燥技术正朝着高效、节能、智能化的方向发展。未来，气流干燥设备将在提高热效率、降低能耗和实现自动化控制方面取得更大突破。例如，利用智能传感技术对物料的水分含量和干燥过程进行实时监控，能够有效提升干燥的均匀性和产品的品质。此外，设备设计的优化与材料的改进也将在提高干燥设备的耐用性和降低能耗方面发挥重要作用。

（五）流化床干燥

流化床干燥是一种将颗粒食品置于干燥床上，通过热空气使食品颗粒处于"流化"状态，从而实现高效干燥的技术。这一干燥方式的核心在于使食品颗粒悬浮在热空气中，通过气体的流动使食品与热空气充分接触，从而迅速蒸发掉食品中的水分。这一技术的主要优势在于能够在短时间内控制干燥过程中的温度与湿度，确保食品均匀干燥，避免过度加热或干燥不足的问题，特别适用于粉末状食品的处理。

在流化床干燥过程中，热空气通过干燥床底部的气体分布板进入，食品颗粒在强烈的气流作用下呈现出流化状态。这种流化状态使食品颗粒在气流中悬浮并保持运动，不断与热空气进行热量和水分交换。由于颗粒之间不再静止，而是处于动态悬浮状态，热空气可以均匀地作用于每个颗粒，从而确保了干燥的均匀性。这一过程不仅加速了水分蒸发，还避免了食品因高温过热导致的变形或品质下降。

另外，由于食品颗粒在流化状态下充分与热空气接触，干燥速度得以显著提升。同时，流化床设备可以精确控制干燥过程中的温度和湿度，确保食品的品质不受影响。对于粉末状食品，流化床干燥不仅能够快速去除水分，还能够保持食品的颗粒形态和物理特性，这使得它成为粉末状食品、固体饮料等干燥加工的理想选择。

流化床干燥设备通常设计为单层或多层结构，具体选择取决于待处理食品的特性。单层结构适用于干燥要求较简单的物料，而多层结构则可以为不同的干燥阶段提供不同的温度和空气流速，从而进一步提高干燥效果。此设备广泛应用于食品加工行业，尤其在固体饮料、颗粒状物料的造粒后干燥等领域表现出色。流化床干燥技术由于其高效、温和、灵活的特点，成为了粉末和颗粒食品加工中不可或缺的干燥方式。

（六）喷雾干燥

喷雾干燥是一种先进的干燥技术，广泛应用于食品加工行业，特别适合于将液态或浆状食品快速脱水。该技术通过雾化系统将液态食品喷雾成细小液滴，然后将这些液滴悬浮在热空气中，使其迅速蒸发水分，从而实现干燥。喷雾干燥的设备通常由雾化系统、空气加热系统、干燥室及空气粉末分离系统等组成，具备较大的蒸发面积和快速的干燥过程，非常适合大规模的连续生产。

喷雾干燥的核心在于雾化过程。液态食品通过雾化系统被喷成微小的液滴，这一过程可以通过两种主要方式实现：压力喷雾和离心喷雾。压力喷雾适用于粒径较大的物料，通过高压将液体迫使通过喷嘴，形成细小的液滴。而离心喷雾则利用离心力将液态食品从高速旋转的喷头中甩出，形成更小的液滴。这些液滴在干燥室中与热空气接触，迅速蒸发水分，从而转变为干燥的粉末状产品。由于喷雾干燥的干燥速度极快，通常只需数秒钟，因而能够有效保持食品的营养成分、风味和色泽。

喷雾干燥的主要优势在于其快速、高效的干燥过程。由于液滴的表面积大，水分蒸发速度快，因此喷雾干燥可以在相对较低的温度下完成干燥，这对于一些热敏性食品尤为重要。低温干燥不仅能有效避免营养成分的流失，还能保持食品的风味和香气。此外，喷雾干燥设备适应性强，能够进行大规模连续生产，满足工业化生产的需求。

喷雾干燥广泛应用于各种液态或浆状食品的加工，特别是在奶粉、咖啡

粉、蛋粉等产品的生产中表现出色。这些产品通常需要保持良好的溶解性和口感，喷雾干燥的高效和温和干燥方式正好满足了这一需求。在制药和化工等行业，喷雾干燥也被用于干燥溶液、悬浮液或乳浊液，以获得粉末状的产品。

（七）滚筒干燥

滚筒干燥是一种高效的热传导干燥方法，主要用于将液态或浆状食品进行干燥处理。在这一过程中，食品通过滚筒表面与高温金属接触，利用热传导原理实现水分的迅速蒸发。具体而言，液态或浆状的食品被均匀涂布在滚筒的表面，随着滚筒的旋转，食品在与热表面接触时水分迅速蒸发，形成干燥的固体状态。这一方法的干燥速度较快，能够有效提高生产效率，广泛应用于多种食品的加工。

滚筒干燥设备的结构相对简单，主要由一个或多个水平设置的金属滚筒组成，这些滚筒通常是由优质导热材料制成，能够快速传递热量。食品在滚筒表面通过与热金属的直接接触，实现快速干燥。该设备的设计便于操作和维护，适合于大规模工业化生产。由于其高效的干燥能力，滚筒干燥特别适用于处理黏稠状食品，例如马铃薯泥、番茄酱等，这些食品因其高黏度而适合通过该方法进行干燥。

尽管滚筒干燥具备速度快和设备结构简单的优点，但其干燥过程中也存在一些缺陷。由于食品与高温金属表面直接接触，容易导致食品在干燥过程中发生风味和色泽的变化。这种变化不仅可能影响食品的感官品质，还可能影响其营养成分的稳定性。因此，滚筒干燥并不适合热敏性食品，如某些水果和蔬菜，这类食品在高温下干燥容易导致色泽暗淡、风味劣化及营养流失。

为了解决传统滚筒干燥法在处理热敏性食品时的缺陷，真空滚筒干燥法应运而生。这种方法通过在真空环境中进行干燥，能够有效降低干燥温度，从而在较低的温度下完成食品的干燥过程，避免食品品质的劣化。尽管真空滚筒干燥设备的投资成本较高，但其能够显著提升产品的质量与稳定性，使

其在某些高端食品的加工中得到了广泛应用。

（八）真空干燥

真空干燥是一种先进的食品干燥方法，其核心原理是通过降低环境压力来降低水分的蒸发温度，从而实现食品的干燥。这种方法特别适用于热敏性食品，能够在相对较低的温度下进行水分蒸发，有效保持食品的营养成分和风味。真空干燥技术在现代食品加工中越来越受到重视，其设备结构简单且效率高，为许多行业提供了优质的干燥解决方案。

真空干燥的基本原理是利用真空环境中的低压条件来降低水分的沸点。当环境压力降低时，水分在低温下就能迅速蒸发。这一过程通常是通过真空泵将干燥箱内的空气抽走，形成低压状态。在这种情况下，食品表面的水分便能以气体形式逃逸，达到干燥的目的。真空干燥设备的主要组成部分包括干燥箱、真空系统和供热系统。干燥箱用于放置待干燥的食品，真空系统负责降低和维持低压状态，而供热系统则提供所需的热量以促进水分蒸发。

真空干燥的显著优势在于其能够在较低温度下完成干燥过程。传统的干燥方法往往需要较高的温度，这可能导致热敏性食品中的营养成分破坏以及风味的流失。而真空干燥则有效避免了这一问题，使得热敏性食品如水果、蔬菜、乳制品等能够在保持营养成分和色泽的同时，达到理想的干燥效果。此外，真空干燥还能够降低干燥过程中水分的蒸发速率，减少了产品的收缩和变形，干燥后的食品通常呈现出疏松多孔的状态，便于后续的溶解和加工。

真空干燥技术广泛应用于各类食品的加工中，尤其是在对温度敏感的产品如牛奶粉、果汁粉、蔬菜干等的干制中具有显著优势。通过真空干燥，企业能够获得高质量的干燥产品，满足市场对健康食品的需求。此外，真空干燥还被广泛应用于制药和化工等行业，能够有效处理各种液态或固态物料的干燥需求。

第二节　腌制品的贮藏保鲜技术

一、腌制品的贮藏特性

（一）变色与变味

腌制品的变色与变味现象主要与氧化、酶促反应及微生物繁殖等生化过程有关。在贮藏过程中，氧气与腌制品中的脂肪发生反应，导致脂肪氧化，这是变色与变味的主要原因之一。脂肪氧化不仅会产生哈喇味，降低腌制品的风味质量，还会引起色泽上的变化，尤其在腌制肉类中，氧化常导致肉质变黄，使其外观与品质均受到影响。此外，腌制品中的蛋白质及其他化学成分在光照下发生分解反应，这进一步加速了食品风味和色泽的劣化。因此，光照也是引发腌制品变色与变味的外部因素之一。

微生物的繁殖，尤其是某些耐盐性微生物的增殖，同样会对腌制品的风味产生影响。尽管高盐环境能够抑制大部分微生物的生长，但仍有一些耐盐或好盐微生物能够在这种条件下存活并繁殖，这些微生物不仅会影响腌制品的外观，造成肉质表面的颜色异常，还会通过代谢活动产生异味，进一步降低产品的食用品质。

（二）发霉

霉菌的繁殖是腌制品贮藏中常见的品质问题之一，尤其在湿度较高、通风不良的贮藏环境中，霉菌能够迅速生长，严重影响腌制品的品质与安全性。尽管腌制品含有较高的盐分，这种高渗透压环境能够抑制大部分微生物的生长，但某些耐盐性霉菌依然能够在这种环境中繁殖，并对产品产生不良影响。霉菌的繁殖不仅会导致腌制品表面出现霉斑，影响其视觉效果，还可能产生有害的代谢产物，进一步威胁消费者的健康。

预防霉菌的关键在于控制贮藏环境的湿度与通风条件。在相对湿度较高的环境下，腌制品表面极易吸附水分，为霉菌的繁殖提供了理想的条件。因此，确保贮藏环境的干燥和适当通风，对于抑制霉菌生长至关重要。此外，在生产和包装过程中，采用抗菌包装材料和合理的贮藏技术也能够有效减少霉菌的繁殖风险。

（三）吸潮

制品的高盐含量使其在贮藏过程中容易吸收空气中的水分，形成潮解现象。这种吸潮现象不仅会影响腌制品的质感和外观，还可能促进微生物的生长，加速食品的腐败变质。为了防止吸潮，必须在腌制品包装设计中采取防潮措施。首先，包装材料的选择应具备良好的防潮性能，能够有效阻隔外界湿气对腌制品的侵入，保持其干燥状态。其次，在贮藏环境中应保持相对湿度在适宜范围内，并通过使用干燥剂或调节气候设备，进一步减少潮湿空气对腌制品的影响。最后，定期检查腌制品的贮藏状况，及时更换包装材料和调整贮藏环境的湿度，也有助于延长腌制品的贮藏期，确保其在整个保质期内保持稳定的质量。

二、腌制品贮藏的保鲜原理

腌制品的贮藏保鲜主要依赖于食盐或食糖等腌渍剂对食品组织内水分活性的降低，从而提高其渗透压，进而抑制微生物的生长和发酵活动，达到防腐和延长储藏期的目的。

（一）食盐的作用

食盐是腌制品中最常用的腌渍剂之一，其保藏作用主要体现在以下方面：

第一，脱水作用。在高浓度的盐溶液中，腌制品中的水分通过渗透压的差异流向盐溶液，导致腌制品内的水分含量大幅下降。这种渗透效应对微生物的生长起到了极大的抑制作用。由于微生物的细胞需要充足的水分来维持

生命活动，食盐能够促使细胞内的水分向细胞外部流失，进而导致细胞质壁分离，细胞内生理活动被破坏，最终抑制微生物的生长与繁殖。

第二，离子水化的影响。食盐中的钠离子和氯离子通过与水分子结合，形成水合离子，进一步降低了腌制品中的自由水含量。自由水是微生物赖以生存的关键资源，而水合离子的形成减少了可供微生物利用的水分，使得微生物在这种环境下难以进行正常的生理活动。这一机制通过有效减少食品中的水分活性，使腌制品在贮藏过程中保持相对的干燥状态，从而抑制微生物的活动，确保食品不易变质。

第三，毒性作用。高浓度的食盐溶液对微生物细胞具有直接的毒性作用。这种毒性作用主要体现在食盐对微生物细胞膜的破坏能力上。食盐能够破坏微生物细胞膜的完整性，导致细胞膜的通透性发生变化，使细胞内外的物质交换受到阻碍。随着细胞膜功能的丧失，微生物无法正常进行物质代谢与能量交换，最终导致其死亡。正因如此，食盐能够在腌制品中扮演重要的防腐角色，有效抑制微生物的活性，避免食品腐败。

第四，对酶活力的影响。微生物体内的酶是其代谢活动的核心，酶的活性直接影响微生物的生长速度和代谢效率。食盐能够抑制微生物体内酶的活性，通过降低酶的催化效率，减缓微生物的代谢速率。在高浓度盐溶液中，微生物的代谢过程会变得极为缓慢，甚至停止，从而延缓了腌制品中微生物繁殖所导致的腐败。这一作用不仅对需氧微生物有效，对厌氧微生物同样产生抑制效果，进而全方位地保障腌制品的保质期。

第五，盐液中缺氧的影响。在高浓度的食盐溶液中，氧气的溶解度显著降低，形成了局部缺氧环境。这种缺氧条件对需氧微生物的生长极为不利，使其无法进行正常的生命活动。需氧微生物依赖氧气来进行呼吸作用，而缺氧的环境使得这类微生物无法维持生存，进而被抑制或杀灭。食盐通过营造不利于需氧微生物生存的条件，有效抑制了这些微生物在腌制品中的繁殖，进一步延长了食品的贮藏期限。

（二）食糖的作用

食糖在腌制品中的应用虽然不如盐类广泛，但其在保藏效果上同样具有显著作用。

第一，食糖能够通过降低食品的水分活度，减少微生物赖以生存的水分供给，从而有效抑制微生物的生长与繁殖。高浓度糖溶液在腌制品中形成的高渗透压环境，使微生物无法维持正常的细胞活动，这对于延长腌制品的贮藏期限具有积极意义。

第二，食糖的抗氧化作用也在腌制过程中发挥重要作用。通过减少氧气与食品中脂肪、蛋白质等成分的接触，糖能够有效延缓氧化反应的发生，进而防止食品因氧化而变质。此外，食糖还可以通过与其他调味成分的相互作用，改善腌制品的风味，使产品具有更为丰富的口感层次，进而提升其商品价值。

三、腌制品的贮藏保鲜方法

根据不同的原料和市场需求，腌制品的贮藏保鲜方法多种多样。以下介绍几种常见的腌制方法及其贮藏保鲜要点。

（一）干腌法

干腌法是将食盐或其他腌渍剂干擦在食品表面，然后层层堆放在容器内，依靠外渗汁液形成盐液进行腌制的方法。该方法操作简单，设备要求低，适用于各种肉类、鱼类和蔬菜的腌制。

优点：营养成分流失少，制品较干，易于保藏，无须特别看管。

缺点：腌制不均匀，失重大，味道偏咸，色泽较差。

在贮藏保鲜方面，干腌法制成的腌制品应存放在阴凉通风处，避免阳光直射和高温烘烤。同时，定期检查腌制品的状态，防止霉变和虫害。

（二）湿腌法

湿腌法是将食品浸没在预先配制好的食盐溶液内，通过扩散和渗透作用使腌制剂渗入食品内部的方法。该方法适用于分割肉、鱼类和蔬菜的腌制。

优点：腌制剂分布均匀，制品色泽和风味较好。

缺点：腌制时间长，劳动量大，制品含水量高，不易保藏。

湿腌法制成的腌制品在贮藏保鲜时，应控制贮藏环境的温度和湿度，避免温度过高导致微生物繁殖过快和湿度过大引起制品发霉。此外，定期更换盐液或加入防腐剂等措施也有助于延长贮藏期。

（三）注射腌制法

注射腌制法是通过泵和注射针头将食盐溶液（或加硝酸盐的混合溶液）压送入肉的动脉或肌肉之中，然后放入转鼓反复滚动，使盐水均匀分布的方法。该方法主要用于肉的腌制。

优点：腌制速度快，成品得率高，腌制剂分布均匀。

缺点：设备要求高，操作复杂。

在贮藏保鲜方面，注射腌制法制成的腌制品应存放在低温条件下，以减缓微生物的繁殖速度。同时，注意避免与其他食物混淆串味，影响制品的风味和品质。

四、腌制品贮藏保鲜的影响因素

腌制品的贮藏保鲜效果受到多种因素的影响，了解并控制这些因素对于提高腌制品的贮藏保鲜质量至关重要。

（一）食盐浓度

食盐能够通过降低水分活度、抑制微生物的生长来延长食品的贮藏期。研究表明，盐液的浓度在 1% 以下时，微生物几乎不受影响，依然可以进行正

常的生长和繁殖活动。然而，当盐浓度提高至 1%～3% 之间时，微生物的生长开始受到抑制，特别是一些对盐敏感的菌种会逐渐减少其生长速度。当食盐浓度达到 6%～8% 时，大多数杆菌的繁殖被显著抑制，而当浓度超过 10% 时，绝大多数微生物的生长被完全遏制。因此，合理控制腌制过程中食盐的添加量对于确保食品的安全性和延长其贮藏期具有关键意义。

在实际操作中，食盐浓度的选择应基于腌制品的类型和市场需求。一些腌制品由于消费者对低盐食品的偏好，需要在保障保鲜效果的前提下适当降低盐浓度，而另一些长时间贮存的产品则需要保持较高的盐浓度，以确保食品的安全性。

（二）温度

微生物的繁殖速度与温度密切相关，温度越高，微生物的代谢活动越活跃，从而加速食品的腐败过程。因此，腌制品的贮藏环境应保持较低的温度，以抑制微生物的生长。一般情况下，短期食用的腌制品可以存放在冰箱的冷藏室内，温度控制在 0～4 ℃ 之间，以确保其在较短时间内不会发生明显变质。对于需要长期保存的腌制品，冷冻保存是较为理想的选择，冰箱的冷冻室温度应保持在 -18 ℃ 以下，这种低温环境能够有效延长腌制品的保存期。

冷冻保存虽然能够延缓微生物的生长和食品的变质，但长时间冷冻可能会对腌制品的风味和口感产生一定的影响。比如，肉类腌制品经过长时间冷冻后，其组织结构可能会发生变化，从而影响咀嚼体验。因此，在确定贮藏温度时，应综合考虑产品的特性和消费者的需求。

（三）气体成分

气体成分是腌制品贮藏过程中一个不可忽视的因素，其对微生物的生长环境及腌制品的保鲜效果有着重要的影响。缺氧环境对于需氧微生物的生长极为不利，反而能够促进厌氧微生物的繁殖。需氧微生物在有氧环境中生长良好，能造成腌制品的腐败，影响其保质期。而厌氧微生物如某些乳酸菌则

在缺氧环境中表现出良好的生长特性，这种微生物在腌制过程中能够产生乳酸，从而降低腌制品的 pH，抑制其他有害微生物的生长，进而延长食品的贮藏期。

此外，高浓度二氧化碳环境对微生物的抑制作用也不容小觑。在二氧化碳浓度较高的环境中，大多数细菌和霉菌的生长速度都会显著下降。二氧化碳的作用机制主要体现在抑制微生物的呼吸作用，进而降低其生长繁殖的能力。因此，在腌制和贮藏过程中，通过调整包装内的气体成分，尤其是减少氧气含量和提高二氧化碳浓度，可以有效延长腌制品的贮藏期。这样的做法在实际应用中已经获得了较为广泛的认可，尤其是在真空包装和气调包装技术中，能够有效提升腌制食品的保鲜效果。

因此，针对腌制品的具体特点和市场需求，在贮藏过程中应灵活调整包装内的气体成分。这不仅涉及到技术手段的应用，还需要考虑市场成本和消费者的接受度，从而找到最佳的气体成分配置方案，以实现腌制品的长期保鲜。

（四）原料品质

原料品质是决定腌制品贮藏保鲜效果的重要前提。腌制品的成功与否，在很大程度上取决于所使用的原材料。新鲜、无损伤的原料不仅能有效提高腌制效果，而且在贮藏过程中更易保持其风味和营养成分。新鲜原料通常水分含量适中，质地坚实，容易吸收腌制液中的盐分和香料，这样在腌制过程中，能够更好地实现味道的渗透与融合。相反，老化或破损的原料则会对腌制过程产生负面影响。这类原料往往易于滋生微生物，导致腌制品在贮藏过程中出现腐败现象。例如，果蔬类原料在存放过程中一旦出现破损，便容易被霉菌和细菌侵入，从而加速腐败。这不仅降低了腌制品的贮藏保鲜效果，还可能引发食品安全问题。

为确保腌制品的品质，原料在使用前应经过严格的筛选和处理。首先，挑选新鲜的原料，剔除有损伤或病虫害的部分。其次，适当的清洗和消毒也

显得尤为重要，特别是对一些易于滋生微生物的原料，如肉类和水产品，应采取必要的卫生措施，确保原料在腌制前达到安全标准。此外，原料的贮藏条件同样不可忽视，应保持适宜的温湿度，以延缓原料的老化过程，保持其新鲜度。

五、腌制品贮藏保鲜的实际操作

（一）腌制前的准备

第一，腌制前必须对原料进行严格的筛选，以确保所选用的原料符合腌制要求。原料应新鲜、无破损、无老化，且尽量选择当季产品。老化或破损的原料不仅影响腌制效果，还可能成为微生物滋生的温床，从而导致腌制品在贮藏过程中发生变质。因此，工作者需要仔细检查每一批原料，剔除那些质量不达标的部分。此外，对于某些易受污染的原料，诸如肉类和水产品，需在选择后进行适当的清洗，以去除表面污垢和微生物。

第二，腌制容器和工具的清洗消毒同样至关重要。腌制过程中，容器和工具直接接触腌制品，任何未清洁干净的设备都可能导致交叉污染，进而影响腌制品的安全性。工作者应使用符合食品安全标准的清洁剂，彻底清洗腌制容器、刀具、案板等所有接触腌制品的设备，并用清水冲洗干净，确保没有清洁剂残留。消毒则可采用热水浸泡、蒸汽消毒或化学消毒剂进行处理，以消除潜在的病原微生物。

第三，腌制过程中所需的腌渍剂和其他辅料，如食盐、香料和防腐剂等，均需提前准备。这些材料不仅直接影响腌制品的风味，还与食品的安全性密切相关。食盐是腌制的核心成分之一，其浓度对腌制效果和微生物的生长起着重要作用。因此，在准备过程中，应根据腌制原料的种类和市场需求，合理选择食盐的类型和浓度。同时，香料的搭配也应考虑到原料的特性，以增强腌制品的风味。

（二）腌制过程控制

第一，在腌制过程中，适宜的盐浓度可以有效抑制微生物的生长，促进腌制品的风味形成。不同类型的原料对盐的需求也有所不同，因此，工作者应根据具体情况，灵活调整食盐的用量。例如，肉类和鱼类通常需要较高的盐浓度，而蔬菜类则相对较低。

第二，在腌制过程中，较低的温度通常有助于延缓微生物的生长速度，从而保证腌制品的质量。工作者可以根据腌制的具体要求，选择适当的环境温度进行腌制。如果腌制环境温度过高，可能导致腌制品出现发酵、变质等问题。

第三，腌制时间直接关系到腌制品的风味和保存效果。腌制时间过短，原料未能充分吸收腌渍剂的成分，腌制效果不佳；而腌制时间过长，则可能导致口感变差或产生不良气味。因此，工作者应根据不同原料的特性，合理设定腌制时间，并定期检查腌制品的状态。特别是在腌制过程中，如发现腌制品表面出现白膜、发酵气泡等异常情况，应及时采取措施，调整腌制条件，防止霉变和腐败。

（三）贮藏保鲜措施

第一，腌制品应装入干净、卫生的容器中进行密封保存。选择合适的容器不仅可以防止外部污染，还能减少腌制品的氧化速度，延长保质期。推荐使用玻璃容器或食品级塑料容器，避免使用金属容器以免产生化学反应。此外，密封保存可以有效隔绝空气，降低微生物滋生的风险。

第二，腌制品的存放环境同样影响其保鲜效果。应将腌制品存放在阴凉、通风的地方，避免阳光直射和高温烘烤，以防止腌制品的质变。在高温条件下，腌制品可能会加速变质，失去风味。因此，工作者需定期检查存放环境，确保其适宜性。

第三，贮藏过程中，定期检查腌制品的状态是保障其质量的重要措施。

工作者应观察腌制品的外观，检查是否有霉变、异味、变色等异常现象。如果发现腌制品出现异常，应及时处理，防止问题进一步恶化。同时，也须注意防止虫害的发生，可以采取适当的驱虫措施，保障腌制品的安全。

第四，对于需要长期保存的腌制品，可考虑采用真空包装或冷冻干燥等方法进一步延长其保质期。真空包装能够有效隔绝空气，降低氧化速率，同时也能防止水分蒸发；而冷冻干燥则能够保持腌制品的营养成分和风味，适合于需要长期贮藏的产品。工作者应根据实际需求，选择合适的保存方式，以确保腌制品的质量和安全。

第三节　罐藏食品的贮藏保鲜技术

一、罐藏食品贮藏的主要容器

金属罐作为一种重要的食品贮藏容器，广泛应用于罐装食品的生产与流通。它主要由金属材料制成，通常使用铝或镀锡钢材。这些金属材料具备良好的强度和密封性能，能够有效保护罐内食品，延长其保质期。金属罐的设计不仅旨在满足食品贮藏的基本需求，还要考虑到防腐蚀、抗氧化和防潮湿等多重功能。

（一）金属罐

1. 金属罐的制罐材料

（1）镀锡薄钢板。镀锡薄钢板（俗称马口铁）是当前最常用的制罐材料之一。其制成工艺是通过在薄钢板上镀上一层锡，使之具备坚固的钢基和抗腐蚀的锡层。这种结构使得镀锡薄钢板成为一种理想的罐头材料，能够在运输和储存过程中保持罐体的完整性，保护食品不受外界因素的侵害。镀锡薄钢板的主要优势在于其锡层，能够有效避免钢基的腐蚀，并且锡的溶出量极少，不会对人体健康产生影响。此外，锡层具有良好的延展性，在罐体的加

工过程中不会破裂或脱落，保持着美观的金属光泽，同时在空气中具有较强的稳定性。其表面虽然会生成氧化锡膜层，但这一膜层的化学性质较为稳定，对罐体的美观和功能并无明显影响。

镀锡薄钢板的结构可以分为五层，包括钢基层、锡层、氧化膜和油膜等。钢基层为中心部分，其厚度通常约为 0.2 mm，而两层镀锡层的厚度则在 $1.5 \times 10^{-3} \sim 2.3 \times 10^{-3}$ mm 之间，此外还有约为 1.3×10^{-4} mm 的锡铁合金层，以及最外层的氧化膜和油膜。这些多层结构共同作用，赋予镀锡薄钢板以优异的耐用性和抗腐蚀性。

（2）镀铬薄板。镀铬薄板因其不含锡层，也被称为无锡钢板。这种材料通过在低碳钢薄板上镀上一层金属铬，再加上一层水合氧化铬层和油膜，使其具有一定的抗腐蚀能力。然而，由于铬层较薄，镀铬薄板的抗腐蚀性能不如镀锡薄钢板，因此通常需要在内外壁涂覆涂料以提高其耐用性。镀铬薄板价格相对较低，适合用于包装一般食品、软饮料和啤酒等。

（3）铝材。铝材作为金属罐的重要材料之一，具有轻便、美观、耐腐蚀的特点。铝合金通过加入镁、锰等元素，形成铝锰合金或铝镁合金，进一步提高了其强度和硬度。铝材广泛应用于蔬菜、肉类和水产品等罐头的包装，并且在涂料处理后，还可用于果汁、碳酸饮料和啤酒的包装。此外，硬性铝包装主要用于易开罐，如啤酒和软饮料的包装，柔性铝包装则多用于铝箔复合材料制成的软包装，如利乐纸包装和蒸煮袋等。铝箔通常被用于复合包装材料的内壁或中间层，在保障包装强度的同时增加了防潮性能。

2. 金属罐的核心组成

金属罐的结构虽然看似简单，但其各组成部分都经过精心设计，以确保在长时间贮藏和复杂的运输环境中依然能保持食品的完整与安全。以下是金属罐的三个核心组成部分：

（1）罐体。罐体是金属罐的主要部分，承担着保护罐内食品的任务。其材料多为铝或镀锡钢材，具备强大的抗压能力和良好的化学稳定性。罐体的设计不仅要考虑到材料的厚度，还需根据不同食品的贮藏要求进行适当调整。

对于某些容易变质的食品而言，罐体的厚度直接决定了其抗压和抗氧化能力，从而影响食品的保鲜效果。此外，罐体的成形工艺也至关重要。通过现代的冲压和拉伸技术，金属罐体可以被制造得更加轻便、耐用，同时确保罐体表面光滑无缝，以避免外界空气、水分或其他污染物进入罐内，确保食品长期处于密封状态。

（2）罐盖。罐盖的设计与罐体相互配合，形成一道牢固的密封屏障。罐盖通常使用与罐体相同的材料，并且通过特殊工艺与罐体紧密结合，确保食品在贮藏过程中不受外界影响。现代罐装工艺中，罐盖的密封设计十分精巧，一般在罐盖内侧涂有一层密封胶，这一层胶不仅能增强罐体与罐盖之间的粘合力，还可以有效阻止空气和湿气进入罐内，从而保持食品的新鲜度。

罐盖的开启设计也逐渐优化，许多现代金属罐盖采用易拉环设计，使得消费者在不借助工具的情况下即可轻松开启罐头，这一设计极大提升了罐头食品的便捷性与用户体验。同时，罐盖的厚度和材质也须符合罐体的标准，以确保整体结构的稳固性。

（3）底部。罐底的结构设计则更多地关注承载能力和稳定性。金属罐底部通常采用弧形或平底设计，这种设计不仅可以有效分散罐内压力，还能增强罐体的抗冲击能力，防止因气体膨胀或运输过程中的碰撞导致罐体变形或破裂。在现代罐装食品的运输和贮藏中，金属罐往往需要进行多层堆放，因此底部的稳固性显得尤为重要。弧形底设计能够进一步提升罐体的承载能力，减少运输过程中的振动影响。而平底设计则有利于罐体的堆叠，节省空间，提高运输效率。

（二）玻璃罐

玻璃罐作为罐头食品生产中常用的包装材料，其主要成分为碱石灰玻璃。这种玻璃的制备过程包括将石英砂、纯碱和石灰石按一定比例混合而成。其中，石英砂的比例通常占 55%～70%，纯碱占 5%～25%，石灰石占 15%～25%。此外，玻璃罐中还含有 4%～8%的其他氧化物，如氧化铝、氧化铁和氧化镁

等。这些原材料在 1 500 ℃的高温下熔融，经过缓慢冷却后形成玻璃罐的最终形态。玻璃罐以其优良的气密性和化学稳定性，成为食品包装的重要选择，能够有效延长食品的保质期，确保食品安全。

1. 玻璃罐的主要特点

（1）玻璃罐的化学性质极为稳定，通常不会与食品发生化学反应。例如，在将稀酸注入玻璃罐后，即便在沸水浴中加热 30 分钟，酸性依然不会消失，这充分表明其在食品储存过程中的安全性。

（2）玻璃罐具备良好的热稳定性。根据要求，当玻璃罐先浸入 40 ℃的热水中 5 分钟后，再置于 100 ℃的沸水中静置 5 分钟，最后浸入 60 ℃热水中静置 5 分钟时，仍不会发生破碎现象。这种特性使其能够适应不同温度的环境，适合多种食品的包装需求。

（3）玻璃罐的透明度优良，使得消费者可以直接观察到罐内产品的色泽和形状，从而提升了消费者的信任感与购买欲望。

（4）玻璃罐原料丰富且成本低廉，且可以重复使用，体现了其经济实用的特点。

（5）在物理特性方面，玻璃罐硬度较高，能够有效避免变形。然而，由于其质地脆弱且易于破裂，需在使用中谨慎对待。此外，玻璃罐的质量相对较大，导热系数较小，因此对某些色素可能产生变色反应，这一点在产品包装设计中需要考虑。

2. 玻璃罐的工艺流程

玻璃罐的工艺流程通常包括以下步骤：

（1）原料磨细是制造玻璃罐的初始阶段。此过程涉及将石英砂、纯碱、石灰石等原材料进行充分磨细，以确保其粒度均匀，便于后续的配料和混合。

（2）经过过筛的原料将进入配料环节。在此阶段，按照一定比例将磨细的原料进行准确称量和配比，以满足玻璃罐生产的要求。

（3）将各类配料进行充分混合，使得不同原材料能够均匀分布，形成均匀的原料混合物，为后续的熔融打下基础。

（4）混合好的原料进入加热熔融环节。在此阶段，原料将在高温炉中加热至 1 500 ℃，使其完全熔融，形成均匀的熔融玻璃。

（5）经过熔融后，熔融玻璃会进行成型冷却。此过程通常采用模具，将熔融玻璃倒入模具中，通过冷却使其固化成型。

（6）退火步骤。在这个环节，成型的玻璃罐将经过适当的温度控制和缓慢冷却，以消除玻璃内部的应力，确保产品的稳定性和耐用性。

（7）制造的玻璃罐会经过严格的检查，以确保其质量符合标准。此环节包括对玻璃罐的外观、尺寸、厚度和透明度等进行全面检测。

（8）合格的玻璃罐将被入库，准备出货。这一流程的每个环节都至关重要，确保最终产品在质量和安全性上达到高标准。通过这样的工艺流程，玻璃罐能够有效地满足食品包装的需求，确保食品的安全和新鲜。

3. 玻璃罐的基本类型

（1）卷封式玻璃罐。罐盖通常采用镀锡薄板或涂料铁制成。该设计在罐盖的边缘内嵌入橡胶圈，在卷封过程中，滚轮的推压将盖边及胶圈紧密压合于玻璃罐的口边。此类型的玻璃罐具有良好的密封性能，能够承受加压杀菌的条件，因此适用于多种食品的长时间保存。然而，其开启难度较大，需借助特定工具或较大力气进行开启，这在某种程度上影响了消费者的使用体验。

（2）螺旋式玻璃罐。盖底内侧设有盖爪，与瓶颈上的螺纹线相吻合。旋盖后，罐盖内的胶圈能有效压紧在瓶口上，从而确保罐体的密封性。常见的螺旋式盖子通常具备四个盖爪，配合瓶颈上的四条螺纹线，使得盖子在旋转1/4 圈后便可获得良好的密封效果，因此也称为四旋式玻璃罐。这种类型的玻璃罐在开启时相对简单，提升了用户的便利性。

（3）压入式玻璃罐。其罐盖底边向内弯曲，并嵌入合成橡胶圈。当罐盖紧贴于罐颈的外侧面时，便可有效保障罐头容器的密封性。在开启时，用户只需撬动靠近瓶口的突缘，即可轻松打开罐盖。此类型的封盖操作也极为简便，仅需从上方向下进行压合。

（4）垫塑螺纹式玻璃罐。垫塑螺纹式玻璃罐采用垫塑螺纹盖，其盖内注

入塑料溶胶形成垫片。该设计中，玻璃瓶口的外侧带有螺纹，而盖边则没有螺纹。在真空封装过程中，盖内的塑料垫片压入瓶颈时可形成相应的螺纹，从而实现密封效果。此类玻璃罐的开启方式也较为简便，仅需简单地旋开罐盖即可。

（三）软罐容器

软罐容器是一种以耐高温蒸煮的复合薄膜袋为基础的包装形式，经过加热灭菌处理后，能够在常温条件下保持食品的良好状态，具有一定的保存期限。该容器的典型构成材料主要包括三层复合膜，分别为表层、中间层和内层。表层由强度良好的聚酯材料制成，确保了包装的机械强度和耐用性。中间层则采用不透光的铝箔材料，不仅具备良好的气体和水分隔离性能，还增强了整体结构的稳定性。内层使用热封性良好的聚烯烃，与食品接触时安全可靠。通过黏结剂将这三层材料黏结在一起，形成了功能性极强的复合薄膜。在一些情况下，软罐容器也可能使用不含铝箔的中间层材料，如尼龙或聚丙烯的层压薄膜。然而，这类蒸煮袋的货架期相对较短，限制了其在长时间存储条件下的适用性。

软罐容器具有显著的优点。首先，与金属容器相比，其厚度较薄，使得在加热灭菌过程中，达到所需中心温度所需的时间显著缩短。这一特点有助于在保持罐头食品色、香、味等感官品质方面表现出色。其次，软罐容器的体积小、质量轻，使其在携带时更加便捷，适合于旅游、登山等需要移动的场合。

二、罐藏食品贮藏的工艺过程

（一）罐藏原料处理

食品原料经预处理（包括清洗、清除非食用部分、切割、检剔、修整等）、预煮、调味或直接装罐、加调味液、排气、密封和杀菌、冷却、罐盖打印等

工序，最后完成罐头加工。其中预处理及调味加工等随原料和产品类型不同而各有差异，但排气、密封和杀菌、冷却、罐盖打印等为必需工序，是罐头加工的基本生产过程。罐头食品是依靠杀菌来加以长期保藏的，而不是用防腐剂达到抑制腐败微生物以保藏食品的目的。

（二）食品装罐

1. 装罐前的准备

食品在装罐前，首先要依据食品种类、性质、产品要求及有关规定选择合适的空罐，然后再进行充分的清洗，以除去空罐中的灰尘、微生物、油脂等污物及氯化锌等残留物。清洗可用手工或机械的方法。目前，大中型企业均采用机械方法，通过喷射蒸汽或热水来清洗。清洗之后再用漂白粉溶液消毒。消毒后，应将容器沥干并立即装罐，以防止再次污染。

2. 装罐的要求

（1）时间原料经过清洗、挑选、分级、切分、去皮、去核、打浆、榨汁及烹调预处理后，应迅速装罐，否则会因微生物的繁殖而使半成品中微生物数量骤增，甚至使半成品变质，影响杀菌效果和产品质量。如果酱、果汁等不及时装罐，保证不了装罐温度，起不到热灌装排气的作用，将影响成品的真空度。

（2）质量装罐时应力求质量一致，并保证达到罐头食品的净重和固形物含量的要求。每只罐头允许净重公差为±3%。但每批罐的净重平均值不应低于固形物净重。罐头的固形物含量一般为45%～65%。

（3）顶隙顶隙是指罐内食品表面层或液面与罐盖间的空隙。留顶隙的目的在于调味、利于传热、防止胀罐、提高杀菌效果。顶隙的多少因食品种类、加工工艺等不同而异。

顶隙大小将直接影响到食品的装罐量、卷边的密封性、罐头变形及腐蚀等。顶隙过小，杀菌时食品膨胀，引起罐内压力增加，将影响卷边的密封性，同时还可能造成铁罐永久变形或凸盖，影响销售。顶隙过大，罐头净重不足，

且因顶隙内残留空气较多，将促进铁皮的腐蚀或形成氧化圈，并引起表层食品变色、变质。一般来说，罐内食品表面与容器翻边或顶边应相距 5～8 mm。

（4）卫生食品装罐时要特别重视清洁卫生。装罐人员一定要注意卫生，禁止戴手表、戒指、耳环等进行装罐操作，要穿戴洁净的工作服和工作帽；工作环境要干净，工作台整洁，严禁食品中混入杂物。

3. 装罐的方法

（1）人工装罐。适用于不便自动装罐的食品，一般情况下，肉禽、水产、水果、蔬菜等块状或固体产品等，大多采用人工装罐，如大型的软质果蔬块、鱼、肉禽块等，这些产品原料差异较大，装罐时需要挑选以进行合理的搭配而需采用人工装罐。人工装罐简单、具有广泛的适应性，但装量误差较大，劳动生产率低，清洁卫生不易保证。

（2）机械装罐。颗粒状、流体、半流体、糜状产品等均一性食品大多采用机械装罐，如饮料、酒类、午餐肉、果酱、果汁、青豆、甜玉米、番茄酱、汤汁等食物。机械装罐速度快，装量均匀，适宜于连续性生产，便于清洗，并维持一定的清洁卫生水平，装量准确。但不能满足式样装罐的需要，适应性差。

（三）罐头排气

罐头的排气是指食品装罐后、密封前，应尽量将罐内顶隙、食品原料组织细胞内及食品间隙的气体排除。

1. 罐头排气的根本目的

（1）阻止或减轻因加热杀菌过程中空气膨胀所引起的容器变形或破损。在加热杀菌的过程中，空气的膨胀可能会导致罐头容器内产生过大的压力，尤其是对于二重卷边的罐头，这种压力的增加会直接影响到其密封性能。因此，通过有效的排气措施，可以降低容器内部的压力，确保罐头在加热过程中保持其结构的稳定性，减少变形或破损的风险。

（2）阻止需氧菌和霉菌的生长发育。需氧菌的生长通常依赖于游离氧的

存在，而罐头食品在排气后，内部的氧气含量显著降低，这为需氧微生物的生存创造了不利条件，从而有效地抑制了其繁殖。这一措施对于延长罐头食品的保质期、保持其风味及安全性至关重要。

（3）控制或减轻罐藏食品在贮藏过程中罐内壁的腐蚀亦是排气的重要目的之一。如果罐内存在氧气，则会加速罐壁的氧化反应，导致罐体材料的腐蚀。通过适当的排气措施，可以减少氧气的存在，从而减缓罐壁的腐蚀速度，延长罐头的使用寿命。

（4）避免或减轻食品的色、香、味变化起着重要作用。长期暴露于空气中的食品容易发生氧化反应，这不仅会影响食品的色泽，还可能导致香气的损失与味道的变化。对于含脂肪较多的食品而言，氧化酸败的发生更是显著，其表面可能出现发黄现象，并产生异味。因此，合理的排气可以有效维护食品的感官品质。

（5）罐头排气也有助于保护维生素和其他营养素不受破坏。在空气存在的环境中，许多维生素及营养成分会受到氧化，导致其营养价值降低。排气过程中的去氧操作，可以有效保护食品的营养成分，确保其在贮藏过程中的稳定性。

（6）罐头排气还为"打检"提供了便利。良好的排气使罐头内部压力低于外部压力，底盖呈现内凹状态，这一现象成为识别罐头质量的重要指标。当罐头食品发生腐败变质时，通常会产生气体，导致罐内压力上升、真空度下降，严重时可导致底盖外凸，形成胀罐。因此，排气的有效性不仅影响罐头的质量，也为后续的品质检验提供了依据。

2. 罐头排气的主要方法

（1）热力排气法。热力排气法是利用空气、水蒸气和食品受热膨胀的原理，将罐内空气排除掉的方法。常用热装罐密封和食品装罐后加热排气（排气箱加热排气）两种方法。对于排气较困难的大型罐通常可采取两种热力排气方式相结合进行，以使排气速度更快，排气效果更佳。

第一，热装罐法。热装罐法是一种将食品加热至一定温度后，立即趁热

装罐并进行密封的加工方式。这一方法特别适合流体、半流体或在加热搅拌过程中其组织形态不会遭到破坏的食品，如番茄汁和番茄酱。在采用热装罐法时，必须严格控制装罐时食品的中心温度，确保其不低于工艺要求的标准温度。若在密封过程中食品温度下降，则成品罐头可能无法达到预期的真空度，影响产品的保质期和安全性。此外，密封后应及时进行杀菌处理，否则嗜热性微生物将在适宜温度下繁殖，导致食品在杀菌前的含菌量超出预期，从而造成杀菌不彻底，甚至在杀菌前发生腐败变质的现象。

第二，排气箱加热排气法。装罐后的食品（无论是否经过预封）被送入具有一定温度的排气箱内，经过一定时间的排气处理，使罐头中心温度达到工艺要求，同时将罐内的空气充分排出。此后，食品需趁热密封并进行杀菌，冷却后可获得一定的真空度。加热排气法不仅可以有效排除食品组织内部的空气，还能起到一定的脱臭及部分杀菌的作用。然而，需注意的是，该方法对食品的色、香、味等感官品质可能产生一定的不良影响。

排气的温度和时间应根据罐头的种类、罐型大小、排气设备的类型以及罐内食品的状态等具体情况进行调整，通常在 90～100 ℃之间，持续时间为5～20 分钟。此外，加热排气可分为间歇式和连续式两种方式。间歇式加热排气法是最早使用的简单排气方法，而连续式加热排气法则是当前工厂普遍采用的方式。在连续式加热排气法中，预封的罐头通过输送装置不断送入排气箱，并在预定的排气时间内接受蒸汽或高温水加热，随后再从排气箱另一端输出，直接送往封罐机进行封罐。

（2）真空封罐排气法。真空封罐排气法是一种高效的罐头加工技术，该方法通过真空封罐机将罐头置于真空仓内，在抽气的同时实现密封，能够在短时间内为罐头提供较高的真空度。这一技术的显著优势在于其减少了加热环节，从而更有效地保存了维生素和其他营养成分。同时，真空封罐机的体积小、占地少，也为其在现代化生产中的广泛应用提供了便利。采用真空封罐排气法时必须注意以下问题：

第一，罐头的真空度直接取决于封口时真空仓的真空度以及罐内水蒸气

的分压。食品的温度越高，罐内的水蒸气分压也随之增加，因此，罐头成品的真空度会随着真空封口时真空仓的真空度和食品密封温度的提升而提高。适当的温度控制对于提升罐头的真空度至关重要。

第二，在进行真空封罐时，必须确保罐头顶部空间内的水蒸气分压低于真空仓内的实际压力，否则，罐内食品的汤汁可能会瞬间沸腾，导致汤汁外溢。这不仅影响了罐头的清洁卫生，也可能导致罐头净重不达标，影响产品质量。

第三，真空封罐时的补充加热是提高罐头真空度的另一重要措施。在某些情况下，真空封罐机的真空仓可能仅能达到某一固定的真空度，这时就需要通过提高食品的温度来实现最高真空度的目标。若真空封罐机的性能不足以满足要求，补充加热可有效提升食品温度，确保罐头获得尽可能高的真空度。此外，对于"真空膨胀系数"较高的食品，补充加热亦是不可或缺的措施。

（3）喷蒸汽封罐排气法。喷蒸汽封罐排气法主要原理是在封罐过程中向罐头顶部空间喷射具有一定压力的高压蒸汽，以驱逐空气，然后进行密封。这种方法也常被称为蒸汽喷射排气法。其在罐头加工中的应用，显著提升了产品的真空度和安全性。

在喷蒸汽密封过程中，顶隙的大小是影响罐头真空度的一个重要因素。顶隙较小会导致杀菌冷却后的真空度较低，而适当增大顶隙则可以获得更高的真空度。因此，在采用喷蒸汽密封排气法时，通常需要增加一道顶隙调整工序，建议留出约 8 mm 的顶隙，以确保后续工艺的顺利进行。此外，装罐前食品的加热温度对蒸汽排气封罐后的罐内真空度也具有一定的影响。由于蒸汽喷射时间较短，除了表层食品外，罐内食品的整体温度并未得到有效提升，因此，使用此法并无法完全抽除食品组织内部的气体。这意味着对于内部含气量较高的食品，喷蒸汽封罐排气法的效果可能并不理想。

同时，在杀菌冷却之后，罐内食品的表面通常是湿润的状态，这一特性使得喷蒸汽排气法不适用于某些特定类型的食品。例如，食品组织内部含气

量较高或表面不允许湿润的食品，采用此法排气可能会导致产品质量问题。

（四）罐头密封

罐头的密封是使罐内食品与外界完全隔绝而不受微生物的污染，使罐头食品能够在室温下长期保存。罐头排气后立即封罐，是罐头生产的关键性工序。不同种类、不同型号的罐头使用不同的封罐机，封罐机的类型很多，有半自动封罐机、自动封罐机、半自动真空封罐机、自动真空封罐机等。

1. 金属罐的密封

金属罐的密封过程是确保罐头食品质量和安全的关键环节。该过程涉及罐身的翻边与罐盖的钩边在封口机中进行卷封，从而使罐身与罐盖相互卷合并压紧，形成紧密重叠的卷边结构。这一过程的成功与否直接影响到罐头的密封性和耐储存性。

封罐机的种类繁多，功能与型式各异，封口速度也存在显著差异。然而，尽管设备的多样性，其封口的主要部件基本保持一致，特别是在实现二重卷边结构方面，这些部件之间的协同作用至关重要。为了形成优质的卷边结构，封口过程中的每一个部件都必须符合相应的技术标准与要求，任何细微的偏差都可能导致密封质量的下降，进而影响罐头食品的保鲜效果和安全性。

在实际应用中，封罐机械包括手扳封罐机、半自动封罐机、自动封罐机、真空封罐机以及蒸汽喷射封罐机等。这些设备各具特点，能够满足不同生产规模和产品类型的需求。有效的封罐操作不仅能够延长食品的保存期限，防止微生物的侵入，还能确保罐头在运输和储存过程中的稳定性与安全性。因此，确保封口设备的精确性与高效性，是实现高质量金属罐密封的必要条件。

2. 玻璃罐的密封

玻璃罐的密封工艺是确保罐头食品质量与安全的重要环节，其封口方法多种多样，主要包括卷边密封法、旋转式密封法及揿压式密封法等。这些密封方法均需具备可靠的密封性能，同时要求封口结构简便，便于开启，以满足消费者的需求。

（1）卷边密封法。卷边密封法通过玻璃罐封口机的滚轮进行滚压，将马口铁盖的边缘卷压在玻璃罐的罐颈凸缘下，达到密封效果。这种方法多应用于 500 mL 玻璃罐的密封，具有良好的密封性能。然而，卷边密封法的一个主要缺点是开启时相对困难，限制了其在某些消费场景中的应用。

（2）旋转式密封法。旋转式密封法则包括三旋、四旋、六旋及全螺旋式密封法等。这一方法主要依赖于罐盖的螺旋结构或盖爪与罐口凸出螺纹之间的扣紧，罐盖与罐口之间通常填有密封填圈。在装罐后，使用旋盖机将罐盖旋紧，从而实现良好的密封效果。旋转式密封法的优势在于其开启便捷，并且罐盖可重复使用，因而广泛应用于果酱、果冻、番茄酱等罐头的密封。

（3）揿压式密封法。揿压式密封法则依靠预先嵌入罐盖边缘的密封胶圈，由揿压机将其压在罐口凸缘的下缘，以实现密封。该方法的特点在于开启方便，适合快速消费。此外，还有抓式密封法，其通过抓式封罐机将罐盖边缘压成"爪子"形状，紧贴在罐口凸缘的下缘，同样实现密封。

3. 软罐头的密封

软罐头的密封工艺是确保食品安全与品质的重要环节，通常采用复合塑料薄膜，以实现其边缘的内层薄膜熔合，达到密封效果。软罐头的密封过程一般借助于真空包装机进行热熔密封，依赖于内层聚丙烯材料在加热状态下熔合为一体。封口的效果受到多个因素的影响，包括蒸煮袋的材料性能、热熔合的温度、时间与压力，以及封边处是否存在附着物等。当前，热熔封口方法主要分为电加热密封法和脉冲密封法两种。

（1）电加热密封法。电加热密封法利用金属制成的热封棒对袋口进行密封，该热封棒表面覆盖有聚四氟乙烯布作为保护层。在通电后，热封棒能够加热至特定温度，使袋内层薄膜熔融，并通过施加压力实现黏合。为了提升密封强度，通常在热熔密封后，进行一次冷压处理，以确保封口更加牢固。

（2）脉冲密封法。脉冲密封法则通过高频电流加热加热棒，从而达到密封的目的。该方法的独特之处在于，接合面上即使存在少量的水分或油脂，也能实现良好的密封效果。脉冲密封法的操作相对简便，适用性广泛，且其

接合强度较高，密封性能优于其他密封方式，因此成为目前最为普遍采用的软罐头密封方法。

（五）罐头杀菌与冷却

罐头中的内容物一般是许多微生物的理想生长介质，因此要使用加热或结合使用其他方法杀灭污染的微生物。为保持产品的绝对安全，必须确保对产品的加热足以杀灭所有致病性的腐败微生物。罐头的杀菌是罐头生产过程中的重要环节，是决定罐头食品保存期限的关键因素。

1. 罐头杀菌的目的

罐头杀菌的主要目的是通过加热等手段有效地杀灭罐内食品中的微生物，确保食品的安全性和稳定性。罐头的杀菌与微生物学上的灭菌有明显区别，后者要求达到绝对无菌状态，而前者允许一定数量的微生物或芽孢残留。关键在于，罐头内不应存在对人体有害的致病菌、产毒菌及能够在罐内环境中生长并引起食品变质的腐败菌。罐头产品需在常温下，经过适当的商业贮运，确保在一定保质期内不发生腐败变质。因此，罐头的加热处理常被称为商业灭菌法，其目的可以概括为以下方面：

（1）罐头杀菌旨在消灭对人体有害的微生物，包括致病菌、产毒菌和腐败菌，同时抑制酶活性，以防止食品在保质期内发生变质。

（2）罐头的杀菌过程还需保持食品的整体品质，包括色泽、香气、味道及组织状态等，确保消费者获得理想的感官体验。

（3）加热杀菌过程也具有一定的烹调功能，能够增强食品的风味，并软化其组织结构，从而实现杀菌与烹饪的同步进行。

2. 罐头热杀菌的影响因素

（1）影响微生物耐热性的因素。

第一，水分。在干热条件下，微生物的耐热性数据通常高于湿热条件下的耐热性数据。这是因为在干热条件下，细菌细胞内的水分较少，从而不利于蛋白质的凝固。此外，细菌芽孢通常具有较强的耐热性，这与其所含游离

水较少密切相关。因此，干热环境能够有效提高细菌的热抗性，然而在实际的罐头杀菌过程中，干热条件的应用并不常见。相反，油脂状食品的耐热性数据同样较高，这主要是因为脂肪能够包围细菌细胞，阻碍水分的渗入，从而使蛋白质热凝固的过程变得更加困难。同时，脂肪所具有的绝热作用也降低了热量的传入，从而进一步增强了细菌的抗热性。

第二，pH。对于绝大多数微生物而言，其耐热性在 pH 中性范围内表现最强，随着 pH 的升高或降低，微生物的耐热性往往会减弱。特别是在偏酸性条件下，微生物的耐热性下降更为明显。根据相关研究，某些好气菌的孢子在酸性培养基（pH＝4.6）中的杀菌温度和时间要求相对较低；而在接近中性（pH＝6.1）的环境中，同样的温度下杀菌所需的时间显著延长。这一现象表明，食品酸度与微生物耐热性之间的关系在罐头杀菌的实际应用中具有重要意义。酸度高的食品通常可在较低的杀菌温度和较短的杀菌时间下实现有效的杀菌效果。相较之下，低酸性食品则需要在高温高压的条件下进行杀菌，其杀菌温度需高于 100 ℃。

酸性食品如醋渍鱼，其浸渍液中含有醋酸、柠檬酸或乳酸等酸性成分，这些酸能够有效抑制能生成芽孢的致病菌。在较温和的加热杀菌条件下，如中心温度加热到 90 ℃后立即冷却，即可实现对能生长繁殖的微生物的有效杀灭。这些研究结果强调了在罐头杀菌过程中，微生物耐热性与食品酸度之间的复杂关系，指引了不同类型食品的适宜杀菌温度和时间，从而确保罐头食品的安全性与品质。

第三，盐类。一般来讲，低浓度的食盐能够吸收细菌细胞内的水分，从而使得蛋白质的凝固过程变得困难，进而增强了微生物的耐热性。然而，当食盐浓度提高时，其对微生物耐热性的影响则发生改变。高浓度食盐通过高渗透压导致细菌细胞内水分的显著脱失，这一过程会促进微生物的死亡。同时，盐中的 Na^+、K^+、Ca^{2+} 和 Mg^{2+} 等金属离子对微生物具有一定的毒性。此外，食盐还能够降低食品中的水分活度，使得可利用的水分减少，从而抑制微生物的新陈代谢。当食盐浓度低于 4% 时，微生物的耐热性会增强；而当食

盐浓度超过 4%时，微生物的耐热性会随着浓度的增加而逐渐下降，尤其在浓度高于 10%时，耐热性明显降低。达到 15%的食盐浓度时，能够显著发挥保藏效果，例如在盐渍肉类和蔬菜中体现得尤为明显[①]。

第四，糖。高浓度糖液对细菌芽孢展现出保护作用，其机制主要体现在糖液吸收了细菌细胞中的水分，降低了水分活度，从而影响蛋白质的凝固速度，增强了细胞的耐热性。具体而言，在 70 ℃加热条件下，大肠杆菌在 10%的糖液中致死所需时间比在无糖溶液中增加了 5 分钟，而在糖浓度提升至30%时，致死时间则延长了 30 分钟。这一现象说明了糖的浓度越高，杀灭微生物芽孢所需的时间越长。尽管糖液在一定浓度下具有保护作用，但一旦浓度增加到一定程度，由于产生高渗透压环境，糖会对微生物的生长产生抑制效果。

第五，蛋白质。食品中低含量的蛋白质对微生物具有保护作用。在含有约 5%的蛋白质时，微生物的耐热性得到显著增强。然而，当蛋白质含量达到17%～18%或更高时，例如在鱼类罐头中，蛋白质对微生物耐热性的影响则相对较小。有研究指出，某些类型的蛋白质，如明胶和血清，能够显著增强细菌芽孢的耐热性。例如，将细菌芽孢置于 pH＝6.9 的 1/15 mol 磷酸和 1%～2%明胶的混合液中，其耐热性比没有明胶的情况下高出两倍。这一现象表明，为了实现相同的杀菌效果，含蛋白质较多的食品需要进行更高程度的加热处理，才能达到杀菌要求。

第六，脂肪。脂肪的存在能够增强微生物的耐热性，其机制在于脂肪与蛋白质之间的相互作用。细菌细胞本质上是一种亲水性的蛋白质胶体，当这些细胞与脂肪接触时，脂肪会在细胞表面形成一层凝结薄膜，从而阻碍水分的渗透，导致蛋白质的凝固过程变得更加困难。此外，脂肪作为不良导热体，进一步阻碍了热量的传导，导致微生物在热处理过程中更难以被杀灭。具体而言，大肠杆菌在水中加热至 60～65 ℃时能够迅速致死，但在油中加热至

① 于海杰. 食品贮藏保鲜技术［M］. 武汉：武汉理工大学出版社，2017：105-106.

100 ℃却需要长达 30 分钟才能杀灭，甚至在 109 ℃的高温下也需 10 分钟才能达到致死效果。这表明，含油与不含油食品在相同温度下杀灭酵母菌所需的时间存在显著差异，其中含油食品的杀灭时间显著延长。对于油浸类食品，例如油浸鱼类罐头，其杀菌温度需相应提高或杀菌时间需延长，以确保食品的安全性。

（2）影响罐头传热的因素。因为罐头的热杀菌是一传热的过程，影响热传递的速度的因素就直接影响罐头的杀菌效果。在罐头的加热杀菌过程中，热量传递的速度受食品的物理性质、罐头包装容器的种类、食品的初温和终温以及杀菌温度、杀菌锅的型号等因素的影响。

第一，罐内食品的传热。与传热密切相关的食品物理特性包括形状、大小、浓度、黏度和密度等。这些特性会影响热量传递的方式及速度，从而影响罐内食品的杀菌效果和时间。热的传递方式主要有传导、对流和辐射，其中在罐头加热过程中，传导和对流是主要的传热方式。

传导传热。传导是指在加热和冷却过程中，通过分子之间的相互碰撞，热量从高能量分子传递到邻近的低能量分子。这一过程通常发生在固态、黏度较高或稠度较大的食品中，例如红烧类、糜状类、果酱类及竹笋等罐头食品。由于这些食品本身是较差的导热体，因此在进行热力杀菌时，不论是加热还是冷却，冷点温度的变化都比较缓慢。这种传导传热的特性意味着罐头食品在热杀菌过程中所需的时间较长。对于半流体食品（如番茄酱和果酱等），尽管它们并非完全固态，但由于其浓度较大、黏度较高，流动性差，杀菌时容易产生较小的对流或几乎没有对流，因此主要依赖传导进行热量传递。在这种情况下，罐头食品的中心温度上升速度较慢，从而延长了杀菌所需的时间。

对流传热。对流传热是指借助于液体和气体的流动来传递热量的过程。在这一过程中，流体各个部分之间发生相对位移，从而实现热交换。在食品罐头中，通常存在自然对流的现象。在对流传热型的罐头食品中，冷点位于罐中心轴上。此时，冷点的实际温度有效平均值显示对流传热比较迅速，因

此在进行热力杀菌时所需的加热和冷却时间相对较短。一般来说，装有糖水、盐水或其他低黏度液体（如果汁、肉汤和清汤）的罐头食品通常属于对流传热型。这些低黏度液体在加热过程中能够迅速流动，从而有效提升热量的传递速度，缩短杀菌时间。

对流传导结合式传热。在许多情况下，罐头食品的热传递过程往往同时存在对流和传导，或呈现出先后相继的状态。通常情况下，某些罐头食品（如糖水水果、清水或盐水蔬菜等）属于传导与对流结合式传热。这类罐头食品在加热过程中，可能先通过对流进行热传递，随后再转为传导。例如，在一些淀粉含量较高的糊状罐头食品中，热传递过程往往表现为先对流后传导。在加热过程中，淀粉受热糊化后，流动性发生变化，导致热传递方式转变为传导。类似的情形还包括盐水玉米、稍浓稠的汤和番茄汁等。相对而言，苹果沙司等含有较多沉淀固体的罐头食品则更倾向于先进行传导，再转为对流。

第二，罐藏容器的物理性质。罐藏食品的加工过程中，容器的物理性质对传热效率和杀菌效果具有显著影响。罐藏容器的材料、厚度、几何尺寸及罐内食品的初温等因素都与热量的传递及其速度密切相关。具体如下：

容器材料的物理性质和罐壁厚度。罐头在加热杀菌时，热量需要从罐外向罐内食品进行传递。容器的热阻是决定传热速度的关键因素，其由罐壁的厚度（δ）和热导率（λ）共同决定。热阻的计算关系式为 $\sigma = \delta/\lambda$，即罐壁厚度的增加或热导率的减小都会导致热阻的增大。以镀锡薄板罐和玻璃罐为例，前者的罐壁厚度相对较薄，热导率较高，从而导致其热阻较小；而后者由于罐壁厚度较大且热导率较低，因此热阻较大。这表明，在同等条件下，镀锡薄板罐的热传递速度显著优于玻璃罐。此外，铝罐的罐壁厚度与镀锡薄板罐相近，但由于其热导率较低，导致其热阻相对较大。容器的热阻对杀菌效果的影响还与罐内食品的传热方式密切相关。在对流传热型的罐头中，热量首先由加热介质传递至罐壁，再通过对流的方式传递至罐内食品，此时热量的传递速度较快，罐壁的传热速度成为决定加热杀菌时间的主要因素。而在传导型食品罐头中，热量主要通过传导方式传递至罐内，食品的传热速度相对

较慢，因此在此情况下，罐壁的传热速度对杀菌时间的影响较小，食品导热性的优劣才是主要影响因素。

容器的几何尺寸和容积大小。容器的大小影响单位容积所占有的罐外表面积（S/V 值），进而影响热量的传递效率。当容器体积增大时，单位容积所占有的罐外表面积减小，即 S/V 值降低，单位时间内单位容积所接受的热量减少，导致升温速度减慢。此外，容器的几何尺寸也决定了罐壁至罐中心的距离，较大的容器因传热距离较长，热量从罐壁传递至罐中心所需的时间较长。

第三，罐内食品的初温。罐内食品的初温是指在开始杀菌时，罐内食品的温度。根据相关标准，杀菌开始时，每一锅杀菌的罐头应以其中第一个密封完的罐头的温度为计算依据。初温对加热过程具有重要影响。通常情况下，初温越高，初温与杀菌温度之间的温差越小，罐中心达到杀菌温度所需的时间就越短。这在传导传热型的罐头中表现得尤为明显，因为较高的初温能显著缩短加热时间。

3. 热杀菌罐头的冷却

（1）冷却目的。冷却的主要目的在于迅速降低罐头中心部分的温度。高温杀菌后，如果不及时冷却，罐头内部尤其是中心部分的食品将持续处于较高温度。这种情况下，过度加热会导致食品的色泽、风味和质地受到不良影响，例如食品变黑、变酸、变软等。同时，高温为嗜热性微生物的生长繁殖提供了有利条件，增加了食品变质的风险。此外，长期高温会加速罐壁的腐蚀，最终导致罐头出现胖听现象，这不仅影响食品的安全性，也降低了产品的市场价值。因此，热杀菌后的罐头需要迅速降温以保持产品质量。

冷却过程通常将罐头温度降至 38～43 ℃。在这一温度范围内，罐头食品的品质可以得到有效保护，同时表面附着的水珠能够蒸发，避免因水珠残留而导致罐壁锈蚀。然而，如果冷却温度过低，罐头表面附着的水珠将难以蒸发，长时间的潮湿状态将加速罐体的锈蚀，影响罐头的外观和耐久性。为确保冷却效果，应根据外界气候条件调整具体的操作温度，在达到足够冷却的

同时保留一定的余温，以促进水分蒸发并防止罐头品质受损。

（2）冷却方法。罐头食品的冷却方法根据其杀菌过程中所需的压力大小，通常分为加压冷却和常压冷却两种方式。不同的冷却方式根据罐头的特性和加工要求，选择合适的操作方法，以保证食品的质量和包装完整性。

第一，加压冷却。加压冷却是一种在冷却水通入的同时，向罐内引入一定压缩空气的冷却方法。对于经过高温高压杀菌处理的罐头，由于罐头内容物在高温下膨胀，内部压力较大，若不在加压环境中冷却，罐体可能因内外压力差异而变形或损坏。因此，必须在杀菌釜内维持一定的外压，以平衡内部压力，避免罐头缝线的松弛或结构破坏。加压冷却的实施通常是在杀菌结束后，随着罐内压力逐渐与外界大气压相接近时，逐步撤去反压，最后转入常压冷却过程。

第二，常压冷却。常压冷却适用于常压杀菌的罐头，或部分高压杀菌但包装不易变形的罐头。常压冷却可以在杀菌釜内直接进行，也可以在冷却池中完成，具体操作方式包括将罐头浸泡在流动的冷却水中，或采用喷淋冷却。相比之下，喷淋冷却效果更加理想，因为水在遇到高温罐头表面时迅速汽化，其汽化潜热能迅速带走罐头内容物的热量，加快冷却速度。此外，喷淋冷却还能减少冷却用水的浪费，提高冷却过程的效率。

（3）冷却时应注意的问题。在罐头食品的冷却过程中，除了选择适当的冷却方法，还需要注意多个关键问题，以确保罐头食品的质量和包装完整性不受影响。

第一，对于不同材质的罐头容器，冷却方式需要有所区分。金属罐头可以直接进入冷水中进行冷却，而玻璃罐由于材质脆弱，在温度骤降时容易炸裂，因此玻璃罐在冷却过程中必须采取分阶段逐步降温的方法，以避免温度变化过大引发容器破损。

第二，冷却速度对罐内食品的质量具有重要影响。通常来说，冷却速度越快，罐头内食品的质量越容易得到有效保持。然而，过快的冷却速度可能导致容器变形或损坏，因此在冷却过程中必须在保证冷却效率的同时，确保

罐头容器的结构不受损害。

第三，冷却所需的时间会根据多种因素而有所不同，包括食品种类、罐头大小、杀菌温度以及冷却水的温度等。在任何情况下，罐头必须冷却透彻，一般应冷却到 38～40 ℃之间，以确保罐内食品不会继续受热影响，同时又保留足够的余热，用于蒸发罐头表面的水分，避免罐体生锈。

第四，在水冷却过程中，水质的卫生问题至关重要。使用不符合标准的冷却水可能导致罐头食品的污染，进而引发罐头的腐败和变质。因此，冷却用水必须符合相关卫生标准，以确保食品的安全性和罐头的质量稳定性。

三、罐头食品贮藏中的质量变化

罐头食品经过密封、加热杀菌等一系列工序后，其内部的微生物几乎全部被杀灭，外界微生物无法进入罐内，再加上罐头容器内的大部分空气已被抽出，食品中的营养成分不易被氧化，因此罐头食品可以在较长时间内保持不变质。然而，即使罐头食品经过精密的杀菌与密封处理，如果储存条件不当或者存放时间过长，罐头食品仍然可能发生变质现象，最终失去食用价值。罐头食品的变质主要由理化因素和微生物学因素引起，分析这些因素对于延长罐头食品的保质期具有重要意义。

（一）理化因素

罐头食品在贮藏过程中，温度、湿度以及排气状况等环境因素都会对罐内食品质量产生影响。若贮藏温度过高，湿度过大，或罐内排气不充分，金属罐的内外壁容易出现腐蚀现象。根据腐蚀的表现形式，可以将其分为多种类型，如均匀腐蚀、集中腐蚀、局部腐蚀、硫化腐蚀以及罐外锈蚀等。

均匀腐蚀是指罐内的锡涂层被全面、均匀地腐蚀，这种腐蚀会导致食品与金属直接接触，从而加速食品的氧化变质。

集中腐蚀则表现为局部的麻点和麻斑，严重时甚至会穿透罐壁，导致罐体破损，空气和微生物进入罐内，直接造成食品的腐败。

局部腐蚀和硫化腐蚀的形成与食品的化学成分相关，尤其是含硫食品，容易与罐壁发生化学反应，形成蓝紫色或黑色的斑点和斑纹，影响食品的感官品质。

罐外锈蚀则主要发生在贮藏环境湿度过高的情况下，导致罐体外壁生锈。

（二）微生物学因素

微生物的存在和繁殖是引发罐头食品在贮存过程中变质的主要原因之一。罐头食品的胀罐、平盖酸坏、黑变以及发霉等腐败现象均与微生物的活动密切相关。引起这些现象的微生物大多为耐热、嗜热、厌氧或兼性厌氧的微生物。

1. 细菌性胀罐

对于低酸性食品，专性厌氧嗜热芽孢杆菌和厌氧嗜温芽孢菌是主要的腐败菌；对于酸性食品，巴氏固氮芽孢杆菌、酪酸梭状芽孢杆菌等解糖菌往往是引发胀罐的主要原因；对于高酸性食品，小球菌、乳杆菌以及明串珠菌等非芽孢菌在胀罐现象中扮演着重要角色。这些细菌在适宜的温度和厌氧环境下迅速繁殖，产生气体，导致罐内压力升高，最终形成胀罐现象。

2. 黑变或硫臭腐败

黑变或硫臭腐败通常发生在含硫蛋白质食品中，细菌分解蛋白质产生硫化氢（H_2S），硫化氢与罐壁的铁元素发生化学反应，形成黑色的硫化铁沉积在罐内壁或食品表面，导致食品发黑并产生异味。这种现象多由致黑梭状芽孢杆菌引起，通常在杀菌不足的情况下发生。

3. 发霉

罐头食品中的发霉现象较为罕见，但在容器发生裂漏或罐内真空度不足的情况下，低水分、高糖分的食品表面容易滋生霉菌。霉菌的生长不仅影响食品的感官品质，还可能产生有害物质，对人体健康构成威胁。

4. 产毒

某些微生物在罐头食品中会产生毒素，如肉毒杆菌和金黄色葡萄球菌。

特别是肉毒杆菌，其耐热性较强，必须通过严格的杀菌措施才能彻底消灭。为了避免罐头食品中毒，生产过程中应将肉毒杆菌作为主要的杀菌对象，确保杀菌过程的彻底性和有效性。

第四节　速冻制品的贮藏保鲜技术

速冻食品作为现代食品加工的重要形式，通过对食品进行快速冻结处理，并在 $-20\sim-18$ ℃的低温环境下贮藏，从而有效保持食品的原有色泽、风味与营养价值，成为一种理想的食品加工方式。

一、速冻制品的贮藏特性

在速冻食品的贮藏过程中，由于冻藏条件、微生物与酶的作用，速冻食品会发生一系列的物理与化学变化。这些变化对速冻食品的质地、色泽、风味与营养品质产生了显著影响。

（一）变色与变味

速冻—冻藏—解冻后的果蔬，由于冻藏过程中原果胶水解为可溶性果胶，导致果蔬的组织结构分离，进而引起质地变软。此外，冻藏过程中，氨气的泄露可能导致食品变色，表现为胡萝卜素的颜色从红变为蓝，洋葱、结球甘蓝与莲藕的颜色则由白变黄等。冷冻产品在冷藏过程中，由于冰的升华作用，也会使产品表面产生变色现象。

在果蔬冻藏过程中，由于酶的活性引发的生物化学变化，会导致果蔬的味道发生变化。例如，毛豆与甜玉米等在 -18 ℃的低温下贮藏 $2\sim4$ 周时，尽管冷冻环境能够延缓腐败，但仍可能因油脂的氧化而产生异味。

冷冻肉类在冻藏过程中，由于脂肪的氧化，可能导致肉类呈现黄褐色，并伴随不同程度的刺鼻哈喇味。肉类在冻藏过程中，冰结晶的升华作用由表及里逐步进行，形成的多孔质海绵状结构内充满空气，在氧气的作用下，促进

了脂肪的氧化分解，产生低级醛、酮、醚、羧酸等物质，这些化合物往往会给人带来不愉快的嗅感与味感。

对于水产品而言，冻藏过程中同样会发生氧化酸败，造成鱼类的苦味与颜色的变黄，同时脂肪的缓慢水解作用会导致甘油与脂肪酸的形成，致使鱼体内脂肪发生"油烧"和酸败。水产品的颜色变化与羰氨反应、酶促褐变反应、肌红蛋白的氧化褐变、微生物的硫化氢与肌红蛋白的氧化褐变等因素密切相关。

（二）速冻制品微生物和酶的变化

速冻制品在低温冻藏条件下，微生物的生长与繁殖得到了显著抑制。低温环境能够减缓细菌和霉菌的代谢活动，进而延缓食品的腐败过程。然而，若食品在冻结之前已经受到细菌、霉菌等微生物的污染，即使在冷冻状态下，长时间储存过程中仍有可能发生霉变或其他变质现象。这是因为部分微生物在极端环境下具有一定的生存能力，能够在低温下保持休眠状态，并在贮藏条件不当的情况下继续生长繁殖。

速冻食品中的微生物变化与多个因素密切相关：

（1）冻藏环境的温度直接影响微生物的活性。稳定的低温可以有效抑制微生物的繁殖，但如果冷藏环境的温度波动较大，微生物可能在短暂的温度升高期间重新活跃，导致食品质量下降。

（2）储存时间也是影响微生物变化的重要因素。长时间的冷冻贮藏虽然可以延长食品的保质期，但若时间过长，食品品质不可避免地会发生变化，微生物可能逐渐恢复生长。

（3）速冻食品的储存环境卫生也是至关重要的因素。如果储存环境不够清洁，细菌和霉菌可能在包装外表面繁殖，进而对食品内部造成污染。

除了微生物，酶的活性在速冻食品中也会产生重要影响。尽管低温能够抑制酶的活性，但在某些条件下，酶促反应仍可能发生，尤其是在冷冻过程不够迅速或储存温度不稳定的情况下。酶促反应可能导致食品的色泽、风味

及质地发生改变，影响其感官品质。例如，脂肪氧化酶的作用可能导致脂肪酸败，蛋白质酶的活性可能引起蛋白质分解，导致食品质地变差。因此，速冻食品在生产和贮藏过程中不仅需要控制微生物，还应确保抑制酶的活性，以保持食品的整体品质。

（三）干耗

干耗是指食品在冻藏过程中，因管理不善而导致的冷冻食品表面冰晶的升华现象。这一现象会引起食品品质与风味的下降，冰晶的升华与氧气的侵入促进了氧化反应的发生，导致食品表面氧化变色，失去其原有风味与营养。

二、速冻制品的贮藏技术要点

（一）包装要求

对于速冻果蔬的包装，要求其坚固、清洁、无异味且无破裂，具有良好的密封性和低透气率。同时，包装上应详细注明果蔬产品的食用方法及贮藏条件。根据用途，包装可分为内包装、中包装和外包装。内包装常用的材料包括聚乙烯、聚偏聚乙烯、尼龙及聚丙烯等各种复合薄膜材料，而外包装则多采用涂塑或涂蜡的防潮纸盒。

适当的包装不仅能够保护速冻食品的质量，还能减少外界因素对其风味与营养的影响。设计合理的包装材料与结构是提升速冻食品贮藏效果的重要措施。

（二）贮藏条件要求

速冻果蔬的长期贮藏一般要求贮藏温度保持在 $-18\ ℃$ 或更低，同时必须确保温度与湿度的稳定，避免库温频繁波动。频繁的温度波动会导致冻藏食品的品质下降，甚至引起变质。因此，贮藏设施的温度控制系统应具备良好的性能，以保证食品在储存期间始终处于最佳的贮藏状态。此外，速冻食品

的贮藏环境应保持通风良好，避免因湿度过大而导致的霉变或腐败。对贮藏环境的温度、湿度及空气流通的有效控制是确保速冻食品质量的基础。

三、速冻制品贮藏保鲜的方法

速冻制品，作为现代食品工业中的重要组成部分，以其独特的保存方式和便捷性，深受消费者喜爱。这些制品通过快速冻结过程，有效地保留了食品原有的营养、风味和质地，同时延长了食品的保质期。然而，要实现速冻制品的长期贮藏和保鲜，并非易事，需要借助科学的贮藏保鲜技术。

速冻制品的贮藏保鲜主要基于低温保鲜的原理。在低温条件下，微生物的生长和繁殖受到抑制，酶的活性降低，从而减缓了食品的腐败和变质过程。具体来说，速冻过程通过迅速降低食品温度至冰点以下，使食品中的水分形成细小的冰晶，减少了细胞组织的破坏，保持了食品的原有结构和风味。同时，低温还能减缓食品中化学反应的速率，如脂肪的氧化、蛋白质的变性等，从而延长食品的保质期。速冻制品的贮藏方法主要包括以下方面：

第一，冷藏库贮藏。冷藏库通常具有较低的温度和稳定的湿度环境，能够有效地保持速冻制品的品质。在冷藏库中，速冻制品应放置在适当的货架上，保持通风良好，避免堆积过高导致温度不均匀。同时，应定期检查冷藏库的温度和湿度，确保其在适宜的范围内波动。

第二，冷冻库贮藏。对于需要长期保存的速冻制品，冷冻库是更为理想的选择。冷冻库的温度通常更低，能够更有效地抑制微生物的生长和繁殖。在冷冻库中，速冻制品应放置在密封的包装袋或容器中，以减少水分的蒸发和冰晶的升华。同时，应定期对冷冻库进行除霜和清洁，以保持其良好的运行状态。

第三，真空包装贮藏。通过排除包装袋内的空气，减少氧气与食品的接触，从而抑制微生物的生长和脂肪的氧化。真空包装的速冻制品在贮藏过程中应保持包装袋的完整性，避免破损导致空气进入。同时，应定期检查包装袋的密封性，确保其处于良好的状态。

第四，气调包装贮藏。气调包装是一种通过调节包装袋内气体成分来延长食品保质期的方法。对于速冻制品，通常采用二氧化碳和氮气等气体进行气调包装。这些气体能够抑制微生物的生长和繁殖，同时保持食品的风味和质地。在气调包装过程中，应严格控制气体成分的比例和包装袋的密封性，以确保其贮藏效果。

四、速冻制品贮藏保鲜的注意事项

速冻制品作为现代食品工业的重要组成部分，因其便捷性和长期保存性而广受消费者欢迎。然而，要确保速冻制品在贮藏过程中保持其原有的品质与安全性，并非易事。这要求从贮藏条件的严格控制到包装材料的合理选择，再到食品的摆放、取用及卫生管理，乃至现代科技手段的应用，每一个环节都需精心设计与严格执行。

（一）严格控制贮藏条件

在速冻制品的贮藏过程中，贮藏条件的控制是首要且至关重要的环节。这主要包括温度、湿度、光照等多个方面。

第一，温度控制。温度是影响速冻制品品质的关键因素。一般来说，速冻制品的贮藏温度应保持在 $-18\ ℃$ 以下，以有效抑制微生物的生长和酶的活性，从而延长食品的保质期。为了实现这一目标，贮藏设备（如冷库、冰柜等）应具备良好的制冷性能，并能够保持稳定的低温环境。此外，还应定期对贮藏设备进行温度监测和校准，确保其实际温度与设定温度一致。

第二，湿度控制。湿度同样对速冻制品的贮藏效果有着重要影响。过高的湿度可能导致食品表面结霜，影响食品的口感和外观；而过低的湿度则可能导致食品失水，变得干硬。因此，贮藏设备应配备湿度调节装置，以维持适宜的湿度环境。

第三，光照控制。光照对速冻制品的影响主要体现在食品色素的褪色和光化学反应上。长时间的光照可能导致食品颜色变淡，甚至产生不良风味。

因此，贮藏设备应尽可能采用遮光设计，或在必要时使用遮光材料遮挡光线。

（二）合理选择包装材料

合适的包装材料不仅能有效保护食品免受外界环境的污染，还能在一定程度上延长食品的保质期。

在选择包装材料时，应充分考虑食品的特性、贮藏时间和市场需求等因素。例如，对于易碎或易变形的食品，应选择具有一定强度和韧性的包装材料；对于需要长期贮藏的食品，应选择具有良好的阻隔性和耐低温性能的包装材料。同时，包装材料的密封性和耐低温性能也是必须考虑的因素。密封性好的包装材料能有效防止空气、水分和微生物的侵入，从而保持食品的新鲜度和安全性。而耐低温性能则要求包装材料在低温环境下仍能保持其原有的物理和化学性能，不出现破损或漏气等情况。此外，随着环保意识的提高，选择可回收、可降解的包装材料也成为了一种趋势。这不仅能减少环境污染，还能提升企业的社会形象。

（三）注意食品的摆放和取用

合理的摆放方式不仅能提高贮藏空间的利用率，还能保持食品的温度均匀性；而科学的取用方式则能确保食品的新鲜度和安全性。

食品应放置在适当的货架上，保持通风良好。这有助于降低食品之间的温度差异，避免局部过热或过冷现象的发生。同时，货架的设计应考虑到食品的重量和体积，以确保其稳定性和安全性。

在摆放食品时，还应避免堆积过高。过高的堆积可能导致温度不均匀，影响食品的贮藏效果。此外，堆积过高的食品还可能增加取用的难度和风险，容易造成食品的破损或污染。

在取用食品时，应遵循先进先出的原则。这意味着最早入库的食品应最先被取出食用，以确保食品的新鲜度和安全性。同时，还应及时淘汰过期或

变质的食品，避免其影响其他食品的品质和安全性。

（四）合理利用现代科技手段

随着科技的发展，现代科技手段在速冻制品贮藏保鲜中的应用越来越广泛。这些科技手段的应用能够进一步提高速冻制品的贮藏保鲜效果，确保食品的品质和安全。

第一，智能温控系统。智能温控系统通过传感器实时监测贮藏设备的温度，并根据设定值自动调节制冷系统的运行状态。这不仅能实现温度的精确控制，还能减少能源的浪费和成本的支出。同时，智能温控系统还能记录温度数据，为食品的品质追溯和问题分析提供有力支持。

第二，物联网技术。物联网技术通过无线网络将贮藏设备与远程监控中心相连，实现远程监控和预警功能。当贮藏设备出现异常或故障时，监控中心能够及时收到报警信息，并采取相应的处理措施。这不仅能提高贮藏设备的可靠性和安全性，还能减少因故障导致的食品损失和浪费。

第三，射频识别技术。射频识别技术通过无线电波识别并读取食品包装上的标签信息，实现食品的追踪和管理。这不仅能提高食品的入库、出库和盘点效率，还能确保食品的来源可追溯和品质可控。同时，射频识别技术还能与智能温控系统和物联网技术相结合，实现更加精准和高效的食品贮藏保鲜管理。

第六章 现代食品贮藏保鲜
技术的发展研究

随着科技的不断进步和消费者需求的日益提升，现代食品贮藏保鲜技术正经历着快速的发展与变革，旨在确保食品安全、延长保质期并减少损耗。本章深入探讨了食品贮藏保鲜技术的未来发展方向，分析了全球合作与竞争态势，同时关注了技术与环境可持续发展的关系，为读者提供了更加全面的视角。

第一节 食品贮藏保鲜技术的未来发展方向

一、食品贮藏保鲜技术的智能化发展

在全球化背景下，食品贮藏保鲜技术的进步正逐步走向智能化、绿色化和个性化的方向。智能化技术的应用，尤其是物联网技术的引入，成为未来食品贮藏保鲜的一个重要趋势。这一技术不仅增强了食品贮藏过程的科学性和效率，更为延长食品保鲜期和减少食品浪费提供了有力的支持。以下将详细探讨食品贮藏保鲜技术的智能化发展及其带来的深远影响。

（一）食品贮藏保鲜智能化技术的应用背景

食品贮藏保鲜是食品供应链中的关键环节，直接影响食品的质量和安全。传统的贮藏方式往往依赖于人工监测，存在监控不及时和环境条件难以调节等问题。随着科技的进步，尤其是信息技术和传感器技术的迅猛发展，智能

化技术逐渐被引入到食品贮藏领域，开启了全新的保鲜管理模式。

物联网技术通过各种传感器、数据采集设备和网络连接，将食品贮藏环境中的关键参数（如温度、湿度、气体成分等）进行实时监测与调节。通过数据分析和智能算法，系统可以自动化地控制贮藏条件，确保食品在最佳状态下存储。这种技术的应用，不仅提升了食品贮藏的效率，也为保障食品安全提供了技术支持。

（二）食品贮藏保鲜智能化技术的核心：实时监测与智能调节

在食品贮藏过程中，各种环境因素对食品的质量有着重要影响。例如，温度过高或过低都可能导致食品的变质；湿度过高则会导致霉变；气体成分的变化也会影响食品的保鲜效果。通过物联网技术，食品贮藏过程中的这些参数可以实时监测。

1. 温度控制

当传感器检测到贮藏温度超过设定范围时，系统可以自动发送警报并启动降温措施。同时，系统也能够通过分析历史数据，预测未来的温度变化，从而提前做好应对措施。这样的智能调节不仅可以有效延长食品的保鲜期，还能够减少因温度异常导致的食品损失。

2. 湿度监测

适宜的湿度可以维持食品的新鲜度，而过高的湿度则可能引发细菌和霉菌的滋生。智能化系统通过实时监测湿度变化，及时调整贮藏环境中的湿度水平，从而确保食品的质量。此外，气体成分的监测也是智能化贮藏的一部分。某些食品在贮藏过程中会释放特定的气体，如乙烯，这可能影响其他食品的保鲜效果。通过气体成分的实时监测，系统可以自动调节贮藏环境，以优化食品之间的相互影响。

（三）食品贮藏保鲜智能化技术的显著优势

食品贮藏保鲜技术的智能化发展，带来了多方面的显著优势。

第一，延长食品保鲜期。通过实时监测和智能调节，食品贮藏环境能够保持在最优状态，从而有效延长食品的保鲜期。研究表明，适宜的温度和湿度控制可以将某些食品的保鲜期延长 50%以上，这对于降低食品损耗、提升资源利用率具有重要意义。

第二，减少食品浪费。全球每年因食品贮藏不当而造成的浪费数量庞大，而智能化技术的引入则有助于大幅度降低这一比例。通过实时监测和智能预警，贮藏设施能够及时发现并处理潜在的安全隐患，避免因环境条件异常导致的食品变质。此外，智能化系统还能根据实时数据分析，优化贮藏策略，确保食品在最佳条件下存放，进而减少因过期或变质而造成的损失。

第三，提高管理效率。智能化技术的应用，提高了食品贮藏的管理效率。传统的人工管理方式常常面临人力成本高、反应速度慢的问题，而智能化系统通过自动化监测和数据分析，可以快速识别和解决问题，降低了人工干预的需求。这不仅节约了人力资源，也使得食品贮藏管理变得更加科学和高效。

第四，保障食品安全。通过智能化技术的引入，食品贮藏过程中的安全风险得以有效控制。实时监测能够及时发现环境中的异常情况，如温度骤升、湿度过高等，并迅速采取相应措施，降低食品安全事故的发生概率。同时，数据记录与追溯功能也为食品安全管理提供了有力支持，使得在发生食品安全事件时能够迅速追踪源头，进行有效处理。

（四）食品贮藏保鲜智能化技术的发展趋势

尽管食品贮藏保鲜技术的智能化发展已经取得了一定的进展，但仍有许多挑战亟待克服。未来，随着人工智能、大数据等技术的进一步发展，智能化食品贮藏技术将更加成熟和更广泛应用。

第一，技术集成与互联互通。未来的食品贮藏保鲜技术将更加强调各类智能技术的集成与互联互通。通过将物联网、人工智能和大数据技术有机结合，可以实现对食品贮藏过程的全方位监控与管理。这种集成将不仅限于单一贮藏环节，而是扩展至整个供应链，实现从生产到消费的无缝对接。

第二，个性化保鲜方案的开发。随着消费者对食品需求的多样化，个性化保鲜方案将成为未来发展的重要方向。企业可以根据不同食品的特性和消费者的偏好，开发针对性的贮藏方案。这不仅可以提升食品的保鲜效果，还能满足消费者对品质和个性化的需求。

二、食品贮藏保鲜技术的绿色化发展

在现代社会，消费者对食品安全和环保的关注日益增强，这一趋势促使食品贮藏保鲜技术不断向绿色化发展。研发人员正在积极探索将更多自然成分和可降解材料应用于食品保鲜过程中。具体而言，植物提取物作为保鲜剂的研究逐渐成为热点，这类自然保鲜剂不仅安全无毒，还能有效延长食品的保鲜期。此外，新型可降解包装材料的研发和应用，将在减少塑料对环境影响方面发挥重要作用。

（一）加强消费者对食品安全与环保的重视

随着生活水平的提高，消费者对食品安全的要求日益严格。食品的保鲜技术不仅关系到食品的口感和营养价值，更直接影响到消费者的健康和生活质量。同时，环保意识的增强，使得人们开始关注食品包装及贮藏过程中的环境影响。塑料包装的广泛使用，导致了严重的环境污染问题，消费者对可持续发展和环保材料的需求不断上升。这种变化，迫使食品贮藏保鲜技术的发展必须适应新的市场环境，采用更加绿色、环保的解决方案。

（二）将植物提取物作为自然保鲜剂的研究

在食品贮藏保鲜技术的绿色化发展中，植物提取物作为自然保鲜剂的应用正逐渐成为研究的重点。这类保鲜剂主要来自各种植物，具有安全、无毒的特性。与传统的合成化学保鲜剂相比，植物提取物在有效延长食品保鲜期的同时，对环境和消费者健康的影响较小。

第一，植物提取物的来源与种类。植物提取物的种类繁多，包括香料、

草药、果蔬等。例如，迷迭香、百里香和绿茶等植物中的天然抗氧化剂被广泛应用于食品保鲜。这些植物提取物富含多酚类、黄酮类等天然化合物，能够有效抑制微生物的生长，延缓食品的氧化反应，从而提升食品的保鲜效果。

第二，植物提取物的保鲜机制。植物提取物在保鲜过程中主要通过三个机制发挥作用：① 植物提取物中的天然抗氧化成分可以有效抑制食品中脂肪的氧化，延长油脂类食品的保鲜期。② 这些天然成分能够抑制多种微生物的生长，降低食品腐败的风险。③ 某些植物提取物还具有天然的防腐作用，可以改善食品的风味，使其更受消费者喜爱。

第三，研究进展与应用前景。当前，研究人员正在积极探索不同植物提取物的组合，以提升其保鲜效果。例如，将多种植物提取物混合使用，可以实现协同增效，从而显著提高保鲜性能。此外，随着提取技术的不断进步，提取效率和提取物的纯度也在提高，这为植物提取物的广泛应用奠定了基础。未来，随着更多植物提取物的研究成果转化为实际应用，食品保鲜的绿色化水平将进一步提升。

（三）研究新型可降解包装材料

除了自然保鲜剂的使用，研发新型可降解包装材料也是食品贮藏保鲜技术绿色化的重要方面。传统塑料包装的广泛使用，不仅造成了严重的环境污染，还增加了食品保鲜过程中的资源消耗。因此，开发可降解的包装材料成为减少塑料对环境影响的关键措施。

第一，可降解包装材料的种类。目前，市场上已出现多种可降解包装材料。这些材料主要包括生物基塑料、纸质包装和其他自然纤维材料等。生物基塑料，如 PLA（聚乳酸）和 PHA（聚羟基脂肪酸酯），是由植物原料或微生物合成的，具有良好的生物降解性和生态友好性。

第二，可降解包装的优势。可降解包装材料相较于传统塑料包装具有显著的环境优势：① 这些材料在适当条件下可以迅速降解，减少了对土壤和水源的污染。② 使用可降解包装能够有效降低碳排放，帮助企业实现可持续发

展目标。③ 越来越多的消费者倾向于选择环保产品，这使得可降解包装材料的市场潜力巨大。

三、食品贮藏保鲜技术的个性化发展

随着经济的发展和生活水平的提高，消费者对食品的需求越来越多样化，个性化消费逐渐成为一种趋势。在这种背景下，食品贮藏保鲜技术的个性化发展显得尤为重要。传统的贮藏方法已难以满足现代消费者对于食品多样性、营养价值以及风味的个性化需求。因此，企业必须不断探索新的保鲜技术，以适应不同类型和风味的食品，进而提高食品的保鲜效果和营养价值。以下将详细探讨食品贮藏保鲜技术的个性化发展，包括个性化需求的背景、当前的技术进展、未来的发展方向及其对消费者和市场的影响。

（一）个性化消费需求的背景

个性化消费是现代社会的显著特征之一，特别是在食品行业，消费者对食品的要求不仅限于口味和价格，越来越多的人开始关注食品的营养成分、健康属性以及环保性。这一变化的原因主要可以归结为以下方面：

第一，健康意识的提升。随着健康知识的普及，消费者对饮食健康的关注度不断提高，许多人开始主动选择更健康的食品。例如，富含膳食纤维的食品、低糖、低脂、高蛋白等产品受到越来越多消费者的青睐。因此，食品企业在贮藏和保鲜过程中，必须考虑到食品的营养成分，以满足消费者对健康饮食的追求。

第二，饮食文化的多样性。全球化的推动使得不同地域和文化的饮食习惯相互融合，消费者对于多样化的食品选择变得越来越包容和渴望。例如，随着亚洲饮食文化在全球的传播，许多消费者开始尝试和接受来自不同文化背景的食品。这要求食品企业在贮藏和保鲜技术上进行创新，以保留食品的独特风味和文化特色。

第三，环保意识的增强。环境问题日益严重，消费者的环保意识不断增

强，许多人在选择食品时不仅关注其自身的健康，还考虑其对环境的影响。因此，企业在开发个性化保鲜技术时，也需要考虑环保因素，尽可能使用可降解材料和天然成分。

（二）个性化食品贮藏保鲜技术的进展

为了满足消费者的个性化需求，许多企业已经开始探索和研发具有创新性的食品贮藏保鲜技术。以下是一些当前技术进展的重点：

第一，量身定制的保鲜解决方案。越来越多的企业开始根据消费者的不同需求，提供量身定制的保鲜解决方案。例如，针对高端消费者市场，一些公司研发了特殊的包装技术，能够根据食品的类型和特性调整贮藏条件。这些定制化的解决方案不仅考虑到食品的保鲜需求，还兼顾了消费者的个性化体验。

第二，功能性保鲜剂的应用。功能性保鲜剂的研发是个性化保鲜技术的重要方向之一。这类保鲜剂不仅具备传统保鲜剂的功能，还能够增加食品的营养价值。例如，某些公司正在研发含有益生菌的保鲜剂，这些保鲜剂不仅能够延长食品的保鲜期，同时还能提升消费者的肠道健康。这种双重功能的保鲜技术，恰好满足了现代消费者对健康食品的需求。

（三）个性化食品贮藏保鲜技术的未来发展

1. 增强消费者参与度

（1）建立在线平台。未来的个性化保鲜技术将强调消费者的参与和互动。企业可以通过建立在线平台，使消费者能够根据自身的需求和偏好选择适合的保鲜方案。这种互动不仅为消费者提供了更多选择，也让他们在食品贮藏的过程中感受到更大的参与感。例如，消费者可以在平台上输入自己的饮食习惯、喜好的食品类型及储存条件等信息，从而获得个性化的保鲜方案推荐。这种方式不仅提高了消费者的满意度，还促进了品牌忠诚度的提升。

（2）互动反馈机制。除了选择保鲜方案，企业还可以建立互动反馈机制，

让消费者在使用过程中提供实时反馈。通过收集消费者对不同保鲜方案的使用体验，企业可以不断改进和优化其产品和服务。此外，这种反馈机制可以帮助企业更好地理解市场需求，及时调整策略，确保其产品始终与消费者的期望相符。这种良性互动将进一步增强消费者对品牌的信任感和忠诚度。

2. 数据驱动的个性化推荐

（1）利用大数据分析。随着大数据和人工智能技术的快速发展，企业可以利用这些技术根据消费者的购买行为和偏好数据进行个性化的保鲜技术推荐。通过分析消费者的历史消费数据，企业可以更准确地理解消费者的需求，从而推出更具针对性的保鲜技术和产品。例如，通过数据挖掘，企业可以识别出消费者偏好的特定食品种类及其保鲜要求，并根据这些信息定制个性化的保鲜方案。

（2）预测消费者需求。通过对消费者数据的深入分析，企业还可以预测未来的消费趋势和需求变化。这种数据驱动的决策能力使企业能够在竞争激烈的市场中占据优势，快速响应消费者的需求变化。例如，如果数据分析显示某一类食品的保鲜需求在上升，企业可以迅速推出相应的保鲜技术，以满足市场需求。这种灵活应变的能力将进一步提升企业的市场竞争力。

3. 生态友好的个性化技术

（1）融入环保理念。未来的个性化保鲜技术将更加注重生态友好性。企业在保鲜技术的研发中应融入环保理念，使用可再生材料和天然成分，减轻对环境的负担。例如，采用可生物降解的包装材料或利用植物提取物作为天然保鲜剂，不仅有助于延长食品的保鲜期，还能降低对环境的影响。这种绿色技术的应用，能够提升消费者对品牌的认可度，增强品牌形象。

（2）可持续发展的品牌形象。在当前消费者越来越关注可持续发展的背景下，企业强调其生态友好的品牌形象，将成为吸引消费者的重要手段。通过实施可持续发展的战略，企业不仅能够减少环境足迹，还能在市场中树立良好的企业形象。例如，企业可以通过宣传其在保鲜技术中使用的天然成分和可再生材料，展示其对环境保护的承诺。这样的品牌形象能够吸引更多注

重环保的消费者，从而提升市场竞争力。

4. 针对特定人群的保鲜技术

（1）关注特定人群的需求。个性化发展还将体现在对特定人群的关注上。例如，针对老年人、儿童或特定疾病患者（如糖尿病患者）的食品保鲜技术将会得到重视。这些保鲜技术不仅需要考虑食品的保鲜效果，还需满足特定人群的营养需求和健康标准。对于老年人而言，食品保鲜技术需兼顾便于食用和营养强化；而针对儿童的保鲜技术则需要确保食品的新鲜与口感。

（2）开发特定营养成分的保鲜技术。例如，糖尿病患者对食物的糖分和营养成分有特殊要求，企业可以研发具有特定营养成分的保鲜技术，帮助这部分消费者在享用美味食品的同时保持健康。通过结合营养学与食品保鲜技术，企业能够为特定人群提供更具针对性的解决方案。这种个性化的保鲜技术不仅能够满足消费者的实际需求，还能促进其健康管理，增强品牌的专业形象。

（四）个性化保鲜技术对消费者和市场的影响

1. 提升消费体验

（1）自主选择的权利。个性化保鲜技术使消费者能够根据自身的需求选择适合的食品保鲜方案。消费者不再仅依赖于传统的、标准化的贮藏方法，而是可以根据自身的饮食习惯、健康状况和口味偏好进行选择。这种自主选择的权利不仅提升了消费者的消费体验，还增强了消费者对品牌的认同感。例如，一些企业已经开始提供定制化的保鲜产品，消费者可以选择添加特定的功能性成分，使其食品在保鲜的同时更具营养价值。这样的选择使消费者能够享受到更加丰富和多样化的食品，改善了整体的饮食体验。

（2）互动与参与感。通过在线平台和社交媒体，消费者可以参与到产品的开发和改进过程中，提供反馈和建议。这种参与感不仅让消费者感受到被重视，还加强了他们与品牌之间的情感连接。例如，企业可以根据消费者的

反馈调整产品配方或保鲜技术，使其更符合市场需求。这种互动模式的建立，使得消费者不仅是被动的购买者，更成为了品牌发展的参与者。

2. 促进市场竞争

（1）行业创新的推动。企业必须不断创新以适应市场变化，这将推动整个行业技术的进步和产品的多样化。个性化保鲜技术的应用促使企业投入更多的资源进行研发，以满足消费者日益多样化的需求。这样不仅带来了新的产品类型，还推动了生产工艺的改进。例如，企业可能会研发新的天然保鲜剂或环保包装材料，以适应消费者对健康和环保的关注。

（2）细分市场的出现。在满足基本食品保鲜需求的同时，企业可以根据不同消费者群体的需求，开发出更具针对性的产品。这些细分市场可能包括健康食品、便捷食品、儿童食品等，使得产品种类更加丰富。这种细分化的市场策略不仅有助于企业提升市场份额，还能为消费者提供更加精准的产品选择，进一步增强市场的活力与竞争力。

3. 增强消费者信任

（1）提升食品安全感。个性化保鲜技术的应用，特别是功能性保鲜剂的使用，将显著提升消费者对食品安全的信任度。消费者在选购食品时，往往会关注其保鲜技术和成分。如果保鲜技术能够有效延长食品的保鲜期并提高其营养价值，消费者更容易接受和信任这些产品。例如，一些企业采用天然植物提取物作为保鲜剂，不仅保证了食品的新鲜度，还能增加其营养成分。这样的做法使得消费者在享用美味的同时，能够获得更多的健康益处，从而增强了他们对品牌的信任。

（2）透明度与信息共享。消费者在了解产品的来源、成分及其保鲜技术后，更容易建立对品牌的信任。例如，企业可以通过标签和包装清晰标示出产品所使用的保鲜技术及其优势，让消费者在购买时感到放心。随着消费者对食品安全关注度的提高，这种信息透明度将成为企业与消费者之间建立信任的桥梁。

第二节　食品贮藏保鲜技术的全球合作与竞争

在全球化背景下，食品贮藏保鲜技术的发展日益受到国际合作与竞争的影响。不同国家和地区的企业、科研机构及政府部门在技术创新、市场拓展和政策制定等方面的合作，推动了食品贮藏保鲜技术的不断进步。同时，全球市场的竞争也促使企业不断提升技术水平，以满足消费者对食品质量和安全的高标准要求。

一、食品贮藏保鲜的全球合作背景

（一）全球食品安全的共同挑战

随着国际贸易的频繁往来，食品跨越国界流通成为常态，这不仅丰富了消费者的餐桌，也带来了前所未有的食品安全挑战。从农药残留、微生物污染到食品欺诈，每一环的疏漏都可能引发重大的食品安全事件，影响消费者健康，动摇消费者信心，进而对全球经济造成冲击。在此背景下，加强全球食品安全合作显得尤为重要。国际食品标准组织通过制定统一的食品安全标准和指导原则，为各国提供了遵循的依据，促进了食品贮藏保鲜技术的规范化发展。这不仅有助于提升全球食品安全水平，减少因食品腐败导致的浪费，还促进了国际贸易的顺利进行，增强了消费者对食品安全的信任。

（二）科技研发的国际合作

在应对食品安全挑战的过程中，科技创新是核心驱动力。食品贮藏保鲜技术的每一次突破，都离不开科研机构和高校之间的紧密合作。跨国研发联盟的建立，打破了地理界限，使得各国的科研精英能够汇聚一堂，共享资源、技术和研究成果。这种合作模式极大地加速了新技术从实验室到市场的转化过程。例如，在天然保鲜剂的研究领域，不同国家的科研团队通过深入合作，

利用各自在植物化学、微生物学等方面的优势，成功开发出了一系列基于植物提取物的安全有效保鲜剂，这些成果不仅减少了化学防腐剂的使用，还提升了食品的口感和营养价值，满足了消费者对健康食品的需求。此外，多边和双边合作项目也是推动食品贮藏技术发展的重要途径。通过这些项目，国家之间可以共享成功经验，共同解决技术难题，如改进冷藏技术、优化包装材料等，从而有效提升食品的保质期和安全性，减少食品在运输和储存过程中的损失。

（三）企业间的合作与联盟

在市场竞争日益激烈的今天，食品企业单打独斗已难以应对复杂多变的市场环境。因此，构建企业战略联盟和合作伙伴关系成为提升竞争力的关键。这种合作不仅限于技术交流与创新，更深入到市场开拓、供应链管理、品牌建设等多个层面。例如，大型食品企业与包装材料供应商的合作，通过共同研发新型保鲜包装材料，不仅提高了食品的保鲜效果，延长了货架期，还降低了包装成本，增强了产品的市场竞争力。同时，这种合作模式促进了产业链上下游的紧密衔接，实现了资源的有效整合与优化配置，提高了整个食品产业的运行效率。

二、食品贮藏保鲜的全球竞争现状

（一）市场竞争的加剧

全球食品贮藏保鲜技术的市场竞争日益白热化，尤其是发达国家和新兴市场国家的企业，正以前所未有的力度推进技术创新和产品研发。这些企业深知，只有不断推陈出新，才能在激烈的市场竞争中占据先机。因此，它们纷纷加大研发投入，引进先进技术，提升研发能力，以期在国际市场中占据领先地位。这一趋势导致了技术的快速更新换代，企业之间的竞争不再仅仅局限于产品价格，而是更多地体现在技术创新、品牌影响力和市场份额的争

夺上。例如，一些企业通过应用新兴技术，如纳米技术和智能包装，来提升食品的保鲜效果，延长食品的保质期，从而满足消费者日益增长的健康和安全需求。这些技术的创新不仅提升了食品的品质，也为企业赢得了更多的市场份额和消费者的青睐。

（二）资源与技术的争夺

在全球化的竞争环境中，各国企业不仅争夺市场份额，还积极争取技术与资源的控制权。食品贮藏保鲜技术的核心竞争力在于研发能力和创新能力，因此，技术专利的保护与利用成为企业竞争的重要环节。一些国家通过制定更为严格的知识产权保护政策，鼓励国内企业进行技术研发和创新，从而在国际市场中获得优势。这些政策不仅保护了企业的创新成果，也激发了企业的创新活力，推动了食品贮藏保鲜技术的不断进步。然而，技术壁垒的存在也使得一些发展中国家在技术竞争中处于不利地位。由于技术水平和研发能力的限制，这些国家的企业往往难以突破技术瓶颈，无法与国际先进企业抗衡。这限制了它们在全球食品产业链中的参与程度，也影响了它们在全球市场中的竞争力。

（三）贸易政策与监管环境的影响

不同国家在食品安全标准、环保法规和进口关税等方面的政策差异，直接影响了食品贮藏保鲜技术的应用与推广。例如，一些国家对进口食品的保鲜技术有严格的监管要求，企业必须符合特定标准才能进入市场。这些政策不仅增加了企业的运营成本，也限制了企业的市场拓展能力。此外，贸易摩擦和保护主义的抬头也给国际市场带来了不确定性。一些国家为了保护本国产业，采取了提高关税、设置贸易壁垒等措施，这给企业在全球竞争中带来了更大的挑战。企业需要密切关注国际贸易政策的变化，及时调整市场策略，以应对潜在的市场风险。

三、食品贮藏保鲜的融合发展

（一）技术标准的统一与互认

在全球食品贮藏保鲜技术的发展中，技术标准的统一与互认是实现合作与竞争协同发展的重要基石。随着国际贸易的频繁往来，不同国家间的食品交流日益增多，但技术标准的差异却成为制约食品流通的障碍。为了打破这一壁垒，国际标准化组织（ISO）等权威机构在食品贮藏保鲜技术方面发布了一系列标准，为各国企业提供了统一的技术规范和指导。这些标准的实施，不仅提高了食品的质量和安全性，还增强了国际市场的透明度，使得各国企业能够在公平的环境中展开竞争。技术标准的统一，促进了各国企业间的技术交流与合作，使得先进的保鲜技术能够更快地在全球范围内得到推广和应用。同时，这也有助于构建公平竞争的市场环境，防止因技术标准差异而导致的贸易摩擦和纠纷。此外，技术标准的统一与互认还有助于提升消费者的信任度。当消费者看到食品符合国际标准时，他们会更愿意购买和食用这些食品，从而推动了食品市场的繁荣和发展。因此，推动技术标准的统一与互认，是实现全球食品贮藏保鲜技术合作与竞争协同发展的重要途径。

（二）创新生态系统的构建

在全球食品产业中，构建开放的创新生态系统是推动食品贮藏保鲜技术创新与应用的关键。这一生态系统由政府、企业和科研机构等多方组成，通过协同合作，实现信息共享、资源整合和合作研发，从而加速技术成果的转化与推广。

第一，政府。通过制定优惠政策和提供资金支持，政府可以鼓励企业和科研机构加大在食品贮藏保鲜技术方面的研发投入，推动技术的不断创新和升级。同时，政府还可以搭建国际合作平台，促进国内外企业和科研机构之间的交流与合作，从而引进先进的保鲜技术和理念。

第二，企业。企业是创新生态系统的主体，也是技术成果转化的关键。通过参与合作研发和技术交流，企业可以及时了解市场需求和技术前沿，从而调整产品结构和研发方向，提高产品的竞争力和市场占有率。同时，企业还可以通过技术合作和资源共享，降低研发成本和风险，实现互利共赢。

第三，科研机构。科研机构是创新生态系统的重要支撑。通过与企业合作，科研机构可以将科研成果转化为实际应用，从而推动技术的进步和产业的发展。同时，科研机构还可以为企业提供技术支持和咨询服务，帮助企业解决技术难题和提高产品质量。

第三节　食品贮藏保鲜技术与环境可持续发展

在当今社会，食品贮藏保鲜技术的发展必须与环境可持续发展相结合。传统的食品保鲜技术常常依赖于化学添加剂和大量能源的消耗，这不仅对食品安全产生潜在风险，也对环境造成负担。因此，科研人员正在积极探索与环境友好的保鲜方法。

一、生物保鲜技术的研发

生物保鲜技术是利用天然微生物及其代谢产物抑制食品中有害微生物生长的技术。与传统的化学保鲜剂相比，生物保鲜技术更加安全无毒，能有效降低对合成化学物质的依赖，从而减少食品安全隐患。此外，这种技术在减少环境污染和保护生态系统方面具有重要意义，能够为实现可持续发展提供有力支持。

在生物保鲜技术的研究中，科研人员发现某些天然微生物（如乳酸菌、酵母菌等）具有良好的抑制病原微生物的能力。这些微生物通过产生天然的抑制物质，如酸、过氧化氢等，能够有效延长食品的保鲜期。例如，乳酸菌的代谢产物可以降低食品的 pH，抑制腐败微生物的生长。通过合理利用这些天然微生物，食品行业可以减少对化学添加剂的依赖，从而降低环境负担。

除了微生物抑制剂，研究人员还积极探索自然抗氧化剂在食品保鲜中的应用。这些抗氧化剂包括维生素 E、维生素 C 及各种植物提取物，如绿茶提取物和迷迭香提取物等。研究表明，这些天然成分能够有效延缓食品的氧化过程，从而提高食品的保鲜效果。此外，使用自然抗氧化剂还可以增强食品的营养价值，吸引越来越多的消费者选择天然、健康的食品。

随着消费者对食品安全和健康的关注不断增加，生物保鲜技术的市场需求也在不断上升。科研机构和企业应积极加大对生物保鲜技术的研发投入，推动这一技术的商业化应用。同时，相关政策的支持和消费者的认知提升也将为生物保鲜技术的发展提供良好的环境。未来，生物保鲜技术有望成为食品贮藏保鲜领域的主流选择，推动食品产业向更加环保、健康的方向发展。

二、减少食品贮藏过程中的能源消耗

（一）采用能效高的制冷设备

在食品贮藏过程中，制冷设备是能源消耗的主要来源之一。传统的制冷设备往往能效较低，不仅增加了企业的运营成本，还加剧了碳排放问题。因此，采用能效高的制冷设备，成为减少食品贮藏过程中能源消耗的关键措施。

近年来，随着科技的进步，新型制冷技术逐渐崭露头角。这些技术具有较高的能效比，能够在保证制冷效果的同时，显著降低能源消耗。具体包括：① 变频压缩机：传统的压缩机在运行过程中，往往存在频繁启停的问题，这不仅增加了能耗，还缩短了设备的使用寿命。而变频压缩机则能够根据贮藏环境的实际需求，自动调整运行频率，实现精准控温，从而有效降低能耗。此外，变频压缩机还具有噪声低、振动小等优点，提高了设备的整体性能。② 吸收式制冷：吸收式制冷技术利用热能驱动制冷循环，无须电力或仅需少量电力辅助，因此具有显著的节能效果。这种技术特别适用于太阳能、地热等可再生能源丰富的地区，能够实现绿色、可持续的制冷效果。

除了采用新型制冷技术外，结合可再生能源的应用也是减少食品贮藏过

程中能源消耗的有效途径。太阳能、风能等可再生能源具有清洁、可再生的特点，将其与制冷设备相结合，能够进一步降低对传统能源的依赖。具体包括：① 太阳能制冷：利用太阳能集热器收集太阳能，通过热交换器将热能传递给制冷系统，从而驱动制冷循环。这种方式不仅节能环保，还能在太阳能充足的地区实现全天候的制冷效果。② 风能制冷：在风能资源丰富的地区，可以利用风力发电机产生的电能驱动制冷设备。这种方式不仅减少了化石能源的消耗，还降低了碳排放，有助于实现可持续发展目标。

（二）选择节能材料

1. 高效保温材料的应用

高效保温材料具有优异的隔热性能，能够显著降低热量损失，提升能源利用效率。在食品贮藏设施中，使用高效保温材料可以有效减少外界温度对贮藏环境的影响，从而降低制冷和加热的能耗。

（1）聚氨酯保温材料。聚氨酯保温材料具有导热系数低、密度小、强度高等优点，广泛应用于冷藏库、冷冻库等食品贮藏设施中。这种材料不仅能够有效降低能耗，还能提高贮藏设施的稳定性和耐久性。

（2）真空绝热板。真空绝热板是一种新型的保温材料，通过抽取材料内部的空气形成真空层，从而达到极佳的隔热效果。这种材料特别适用于对保温性能要求较高的食品贮藏设施中，如高档冷藏展示柜等。

2. 可降解和环保材料的包装

除了保温材料外，采用可降解和环保材料的包装也是减少能源消耗和环境污染的重要措施。传统的塑料包装材料难以降解，对环境造成了严重的污染。而可降解和环保材料则能够在自然环境中快速分解，减少对环境的影响。

（1）生物基塑料。生物基塑料是一种以可再生资源为原料制成的塑料材料，具有可降解、环保等优点。在食品包装中，使用生物基塑料可以显著降低对环境的污染，同时提高食品的保鲜效果。

（2）纸质包装。纸质包装材料具有可回收、可降解等优点，是替代传统

塑料包装的理想选择。在食品贮藏和运输过程中，使用纸质包装材料不仅可以减少能源消耗和环境污染，还能提高食品的透气性和保鲜效果。

（三）应对全球气候变化的意义

食品生产和贮藏过程中产生的温室气体排放占全球排放总量的相当比例，因此降低这一环节的能源消耗和碳排放，对于推动全球可持续发展目标具有至关重要的作用。

第一，降低碳足迹。通过提升能效、采用清洁能源和智能化管理等措施，企业可以有效降低食品贮藏过程中的碳足迹。这不仅有助于减少温室气体排放，还能提高企业的环保形象和市场竞争力。在全球气候变化日益严峻的背景下，降低碳足迹已成为企业实现可持续发展目标的必然选择。

第二，推动食品产业转型。减少食品贮藏过程中的能源消耗和碳排放，还能推动食品产业向低碳、环保的方向转型。随着消费者对环保和可持续发展的关注度不断提高，低碳、环保的食品产品将更受市场欢迎。因此，企业应积极采用节能减排技术和管理措施，提高产品的环保性能和市场竞争力。

第三，促进全球可持续发展。减少食品贮藏过程中的能源消耗和碳排放，不仅有助于实现企业的可持续发展目标，还能促进全球可持续发展。在全球范围内推广节能减排技术和管理措施，可以降低能源消耗和碳排放总量，从而减缓全球气候变化的速度。同时，这还能促进可再生能源的开发和利用，推动全球能源结构的转型和升级。

结束语

随着科学技术的不断进步，保鲜技术的种类和应用范围也在不断扩大。从传统的低温贮藏、气调包装到新兴的智能保鲜和纳米技术，这些创新方法为食品的贮藏提供了更为有效和安全的保障，推动了食品行业的可持续发展。然而，尽管保鲜技术取得了显著进展，仍面临着诸多挑战。例如，如何在保证食品质量的前提下，降低保鲜成本、提高保鲜效率，以及如何在全球化背景下推动技术的标准化与规范化等问题，都是行业亟须解决的课题。此外，随着消费者对食品安全和品质要求的提高，未来的食品贮藏保鲜技术需要更加注重环保与可持续发展，减少对环境的负面影响。

展望未来，食品贮藏保鲜技术的发展将更加注重智能化和个性化，结合物联网、人工智能等先进技术，实现食品贮藏过程的实时监控和管理。同时，跨学科的研究将促进保鲜技术的进一步创新，例如结合生物技术与材料科学，开发出更高效、更环保的保鲜材料和技术。通过不断技术创新和实践应用，现代食品贮藏保鲜技术将在保障食品安全、提高食品质量和促进经济发展的道路上，发挥越来越重要的作用。希望未来的研究和应用能够继续推动食品行业向更高效、更可持续的方向发展，造福全人类。

参考文献

[1] 敖静，黄雪梅，张昭其. 蔬菜气调贮藏保鲜技术研究进展 [J]. 保鲜与加工，2015，15（5）：72-76＋80.

[2] 陈晓宁，周玉娇，晏宇翔，等. 酶制剂在食品贮藏保鲜中的应用及发展 [J]. 北京农业，2014（21）：213.

[3] 丁树东，李艳杰，孔瑞琪. 现代果蔬气调贮藏库及其应用现状 [J]. 中国果菜，2019，39（12）：12-17.

[4] 杜传来，张继武，陈守江. 果蔬贮藏保鲜实用技术 [M]. 合肥：安徽大学出版社，2014.

[5] 高哲，董晨阳. 果蔬气调贮藏管理运营研究 [J]. 全国流通经济，2019（11）：37-38.

[6] 郭慧媛，吴广枫，曹建康，等. 气调贮藏对不同种类蔬菜保鲜效果的影响 [J]. 农产品加工，2020（23）：10.

[7] 韩艳丽，朱士农. 食品贮藏保鲜技术 [M]. 北京：中国轻工业出版社，2015.

[8] 何强，吕远平. 食品保藏技术原理 [M]. 北京：中国轻工业出版社，2019.

[9] 李辉，陈莲，刘静娜，等. 基于成果导向理念的"食品贮藏与保鲜"教学探究 [J]. 教育教学论坛，2023（8）：83-86.

[10] 李杰. 浅析食品保鲜技术研究进展 [J]. 现代食品，2023，29（20）：148-150.

[11] 李杰. 浅析食品保鲜技术研究进展 [J]. 现代食品，2023，29（20）：148-150.

［12］李金金，李春媛，罗铮，等. 高值果蔬采后保鲜技术研究进展［J］. 保
鲜与加工，2024，24（6）：109-119.

［13］李昱. 物理技术在食品贮藏与果蔬保鲜中的实践探究［J］. 现代食品，
2023，29（14）：79-81.

［14］励建荣. 生鲜食品保鲜技术研究进展［J］. 中国食品学报，2010，10
（3）：1-12.

［15］刘娥玉，臧润清，刘圣春. 食品冷藏链中主要环节的认识与展望［J］. 制
冷与空调，2009，9（6）：6-12.

［16］刘新美，孙璐. 我国气调贮藏技术在果蔬上的应用现状及展望［J］. 中
国果菜，2020，40（9）：10-13.

［17］陆义涛，田翠芳，吴倩，等. 新型功能性冰在食品杀菌保鲜中的应用与
展望［J］. 食品科学，2024，45（14）：267-276.

［18］马彩霞，闫亚美，米佳，等. 生物保鲜技术在果蔬中的应用与发展［J］.
宁夏农林科技，2023，64（2）：20-24＋38.

［19］马金鑫. 低温等离子体技术在大健康食品保鲜中的应用［J］. 现代食品，
2024，30（12）：80-82.

［20］马亚琴，李楠楠，张震. 脉冲电场技术应用于果蔬汁杀菌的研究进展［J］.
食品科学，2018，39（21）：308.

［21］申思慧，吕宝苡，何文毅，等. 食品保鲜树脂的合成与性能研究进展［J］.
化工新型材料，2024，52（S1）：25-31.

［22］苏琰，李融. 抗菌肽的食品保鲜应用及生物合成研究进展［J］. 食品与
机械，2024，40（7）：208-215.

［23］陶琦，钟飞，王志文，等. 纳米材料在食品生产和保鲜中的应用［J］. 包
装学报，2024，16（4）：89-100.

［24］滕焕杰，隋红军，刘明，等. 臭氧负离子在果蔬类食品保鲜方面的研究
与应用［J］. 青岛远洋船员职业学院学报，2024，45（2）：36-40.

[25] 万峰，王红育，谢博，等. 细菌素在食品贮藏保鲜中的应用 [J]. 食品安全质量检测学报，2022，13（20）：6628-6636.

[26] 王小龙，杨玲. 果蔬贮藏保鲜技术及其配套措施简介 [J]. 甘肃农业科技，2015（1）：84-86.

[27] 王志伟. 果蔬保鲜和加工技术分析 [J]. 南方农业，2020，14（21）：192-193.

[28] 吴锁连，康怀彬，李冬姣. 水产品保鲜技术研究现状及应用进展 [J]. 安徽农业科学，2019，47（22）：4-6+33.

[29] 吴妍，范秋佳. 生物保鲜剂在食品中的应用及展望 [J]. 食品安全导刊，2024（20）：135-137.

[30] 谢晶，李沛昀，梅俊. 气调包装复合保鲜技术在水产品保鲜中的应用现状 [J]. 上海海洋大学学报，2020，29（3）：467-473.

[31] 熊小辉. 冰温技术在食品贮藏保鲜中的研究 [J]. 广西轻工业，2010，26（1）：11-12.

[32] 杨华连，陈莉，卢红梅. 超高压与脉冲电场技术在桑葚汁贮藏保鲜中的研究进展 [J]. 食品工业，2019，40（9）：311-315.

[33] 杨悦，吴佳静，许启军. 水产品保鲜技术研究进展 [J]. 农产品加工，2016（20）：54.

[34] 应月，李保国，董梅，等. 冰温技术在食品贮藏中的研究进展 [J]. 制冷技术，2009，29（2）：12-15.

[35] 于东雯，刘展旭，白洪宾，等. 纳米保鲜型食品新鲜度指示材料的制备及其应用 [J]. 中国食品学报，2024，24（6）：223-236.

[36] 于海杰，李敏，徐吉祥，等. 食品贮藏保鲜技术 [M]. 武汉：武汉理工大学出版社，2017.

[37] 张秀娟，王宗湖. 食品保鲜与贮运管理 [M]. 北京：对外经济贸易大学出版社，2013.

［38］　赵月涵，杨盈悦，邓尚贵，等. 冷杀菌技术在水产品保鲜中的应用研究进展［J］. 中国渔业质量与标准，2021，11（5）：56-64.

［39］　周道荣，杨继梅，李小飞. 食品保鲜中微生物控制存在的问题及对策［J］. 食品安全导刊，2024（15）：44-47.

［40］　朱海佩. 新型食品贮藏保鲜技术研究［J］. 现代食品，2017（5）：82-84.